故宫经典 CLASSICS OF THE FORBIDDEN CITY

INLAY FURNITURE IN THE PALACE MUSEUM COLLECTION

故宫镶嵌家具图典

故宫博物院编

COMPILED BY THE PALACE MUSEUM

故宫出版社

THE FORBIDDEN CITY PUBLISHING HOUSE

图书在版编目（CIP）数据

故宫镶嵌家具图典 / 胡德生主编. — 北京 ：故宫出版社，2013.10（2020.6重印）
（故宫经典）
ISBN 978-7-5134-0484-6

Ⅰ. ①故… Ⅱ. ①胡… Ⅲ. ①家具－中国－明清时代－图集 Ⅳ. ①TS666.204-64

中国版本图书馆CIP数据核字(2013)第233236号

故宫经典

故宫镶嵌家具图典

故宫博物院编
主　　编：胡德生
作　　者：胡德生　宋永吉
摄　　影：胡　锤　冯　辉　赵　山
图片资料：故宫博物院资料信息中心

出 版 人：王亚民
责任编辑：徐小燕　王　静
装帧设计：李　猛
出版发行：故宫出版社
地址：北京东城区景山前街4号　邮编：100009
电话：010-85007808　010-85007816　传真：010-65129479
网址：www.culturefc.cn
邮箱：ggcb@culturefc.cn
印　　刷：北京启航东方印刷有限公司
开　　本：889×1194毫米　1/12
印　　张：25
字　　数：30千字
图　　版：365幅
版　　次：2013年10月第1版
2020年6月第2次印刷
印　　数：3001-4500册
书　　号：ISBN 978-7-5134-0484-6
定　　价：420.00元

经典故宫与《故宫经典》

郑欣淼

故宫文化，从一定意义上说是经典文化。从故宫的地位、作用及其内涵看，故宫文化是以皇帝、皇宫、皇权为核心的帝王文化和皇家文化，或者说是宫廷文化。皇帝是历史的产物。在漫长的中国封建社会里，皇帝是国家的象征，是专制主义中央集权的核心。同样，以皇帝为核心的宫廷是国家的中心。故宫文化不是局部的，也不是地方性的，无疑属于大传统，是上层的、主流的，属于中国传统文化中最为堂皇的部分，但是它又和民间的文化传统有着千丝万缕的关系。

故宫文化具有独特性、丰富性、整体性以及象征性的特点。从物质层面看，故宫只是一座古建筑群，但它不是一般的古建筑，而是皇宫。中国历来讲究器以载道，故宫及其皇家收藏凝聚了传统的特别是辉煌时期的中国文化，是几千年中国的器用典章、国家制度、意识形态、科学技术，以及学术、艺术等积累的结晶，既是中国传统文化精神的物质载体，也成为中国传统文化最有代表性的象征物，就像金字塔之于古埃及、雅典卫城神庙之于希腊一样。因此，从这个意义上说，故宫文化是经典文化。

经典具有权威性。故宫体现了中华文明的精华，它的地位和价值是不可替代的。经典具有不朽性。故宫属于历史遗产，它是中华五千年历史文化的沉淀，蕴含着中华民族生生不已的创造和精神，具有不竭的历史生命。经典具有传统性。传统的本质是主体活动的延承，故宫所代表的中国历史文化与当代中国是一脉相承的，中国传统文化与今天的文化建设是相连的。对于任何一个民族、一个国家来说，经典文化永远都是其生命的依托、精神的支撑和创新的源泉，都是其得以存续和赓延的筋络与血脉。

对于经典故宫的诠释与宣传，有着多种的形式。对故宫进行形象的数字化宣传，拍摄类似《故宫》纪录片等影像作品，这是大众传媒的努力；而以精美的图书展现故宫的内蕴，则是许多出版社的追求。

多年来，故宫出版社出版了不少好的图书。同时，国内外其他出版社也出版了许多故宫博物院编写的好书。这些图书经过十余年、甚至二十年的沉淀，在读者心目中树立了“故宫经典”的印象，成为品牌性图书。它们的影响并没有随着时间推移变得模糊起来，而是历久弥新，成为读者心中的故宫经典图书。

于是，现在就有了故宫出版社的《故宫经典》丛书。《国宝》《紫禁城宫殿》《清代宫廷生活》《紫禁城宫殿建筑装饰——内檐装修图典》《清代宫廷包装艺术》等享誉已久的图书，又以新的面目展示给读者。而且，故宫博物院正在出版和将要出版一系列经典图书。随着这些图书的编辑出版，将更加有助于读者对故宫的了解和对中国传统文化的认识。

《故宫经典》丛书的策划，无疑是个好的创意和思路。我希望这套丛书不断出下去，而且越出越好。经典故宫借《故宫经典》使其丰厚蕴涵得到不断发掘，《故宫经典》则赖经典故宫而声名更为广远。

目　录

明清家具的镶嵌工艺

胡德生

自从人类进入文明社会以来，在人们的生产和生活实践中就已掌握并运用“镶嵌”技术为人类自身服务了。在中国艺术史上，这种工艺始终盛行不衰，而体现这种工艺最充分的器物首推日用家具。

家具作为人们的生活用具，与人们朝夕相处，成为人们生活的一个重要组成部分。随着精神文明与物质文明、文化与艺术的不断发展，家具已不是简单的生活用具了。在家具的造型、纹饰及使用习俗中，充分表现了中国的传统文化和思想。家具已成为中国传统文化最丰富的的物质载体，这些传统文化主要是通过“镶嵌”手法来表现的。

镶嵌工艺是中国传统家具最常见的工艺手法，严格说来，镶和嵌却是有着明显的不同特点。《辞海》《辞源》及各类辞书对“镶”字的解释大体一致。

镶者，以物相配合也，如：镶边、镶框等。凡言“镶”，必有内外之分。如果由内向外说，一般说“给这件东西镶个边，或镶个框”；如果由外向内说，“则是在这个框内镶个心，或镶块板”。在家具上的应用，则有心必有框，有框必有心。如桌面、案面、椅面、柜门、插屏、挂屏、围屏等，都由四框和板心组成，做法都是两边两抹攒成方框，里口起槽，内镶板心，木工术语名曰“攒框镶心”。

嵌者，以物陷入也，即先用各种物料雕制成各式花纹，然后在器物上挖槽，把雕好的花纹嵌进槽内。这里所说的物，指各种螺钿、各色玉、象牙、彩石、金、银、铜、珐琅、木雕等等；这里所说的陷入，即指把各种物料雕制的各式花纹嵌进雕好的槽内，形成生动、活泼的画面。

“镶”和“嵌”，本为两种工艺手法之动词，在家具上的运用，并无直接联系。有镶，不一定意味着有嵌，而嵌，又不单局限在镶上。无论板心、边框、牙子、枨子、腿子、帽子，家具的任何部位都可以施加“嵌”的工艺。

清代末期，人们常把镶嵌二字合称，形成专用名词。凡嵌有各式花纹的器物皆以“镶嵌”称之，这种认识在古玩行中流行很广，甚至成为带嵌花纹器物的代名词。《古玩指南》中就有“凡镶嵌之器物皆可谓之镶嵌也”。

镶嵌之法，在中国起源很早。最初大多表现在漆器上，目前掌握的资料最早在夏商时期。1973 年、1974 年，在河北藁城台西村商代遗址中出土的漆器残片，有朱漆地、以黑漆描绘饕餮纹、蕉叶纹、云雷纹和夔纹等图案，比例匀称，花纹清晰，有的嵌着圆形、三角形的绿松石，有的贴着不到一毫米厚的钻花金箔。河南安阳殷墟出土有商代木器，原木器已朽在出土的带有朱红色印痕的泥土上，有精制的花纹，并有镶嵌着各式图案的骨雕及椭圆形小蚌壳。1933 年，郭宝均先生在西周卫国墓中发现了“蚌泡”，因出土时多环绕在其他器物周围，因此推断蚌泡当是其他器物的附属饰件。1953 年，陕西长安普渡村西周一号墓发现在出土陶器周围有蚌泡，上面还有残留的漆皮。1976 年，陕西长安张家坡西周晚期墓中发现漆豆、漆俎等。其豆为深盘粗把，周围镶嵌蚌泡八枚，其柄镶嵌小蚌泡四枚及菱形蚌片，以上蚌泡均涂红彩。俎上部为长方形盘，口大底小，四壁斜收，盘下接四足方座，四周镶嵌各种形状的蚌片图案。1962 年，江苏连云港网疃庄西汉墓出土的嵌银磨显长方盒，采用夹纻胎，黑面红里，盝顶盖，正中嵌两叶纹银片，叶上镶嵌玛瑙小珠，盒盖及底座立墙嵌饰狩猎纹的银片。银片以外描朱漆云纹，纤细浮动，是我国较早的且艺术价值极高的镶嵌实物。此后，1978 年，苏州瑞光寺塔出土的五代嵌螺钿经箱；1966 年，浙江瑞安仙岩寺塔发现的北宋经盒，不仅花纹美丽精制，上面还嵌着小珍珠。到了明代，镶嵌工艺又有长足的发展，不仅在漆器上镶嵌，更在硬木地上施加镶嵌，为明式家具的装饰艺术增加了色彩。

在家具上作镶嵌装饰起源很早，从考古发掘证实，早在 4000 年前的河姆渡遗址中，就已发现嵌有松石的器物。至了战国时期，发现嵌有美玉的漆几。此后唐代也是个高度发展时期。它们的共同特点是嵌件与地子表面齐平。到了明代，有个扬州人名叫周翥，首创了“周制镶嵌法”。其特点是嵌件高出地子表面，然后在嵌件上再施以各种不同形态的毛雕，以增加图案的形象效果，从其镶嵌手法和镶嵌材料看都与前代大不相同。而且不光体现在漆器器物上，在紫檀、黄花黎[①]等硬木家具上也表现较多。由于镶嵌材料种类多样，因而又称为“百宝嵌”。又因发明人姓周，民间常以“周制”称之。

周制镶嵌法主要是凸嵌法，次有少量的平嵌法。平嵌，即嵌件表面与地子齐平，为不致影响家具的使用功能，如：桌面、椅背等部位。在不影响家具使用功能的部位，为突出装饰效果，常使用凸嵌法。给人的感觉是隐起如浮雕。清钱泳《履园丛话》载：“周制之法，惟扬州有之。明末有周姓者，始创此法，故名周制。其法以金、银、宝石、珍珠、青金、绿松、螺钿、象牙、蜜腊、沉香为之，雕成山水、人物、树石、楼台、花卉、翎毛，嵌于檀、梨、漆器之上。大而屏风、桌椅、窗槅、书架，小则笔床、茶具、砚匣、书箱，五色陆离，难以形容。真古来未有之奇玩也。”

明谢肇淛《金玉琐碎》说：“周翥（音：柱），以漆制屏，柜、几、案，纯用八宝镶嵌。人物花鸟，亦颇精致。愚贾利其珊瑚宝石，亦皆挖真补假，遂成弃物。与雕漆同声一叹。余儿时犹及见其全美者。曰周制者，因制物之人姓名而呼其物。”

吴骞《尖阳丛笔》载：“明世宗时，有周柱善镶嵌奁匣之类，精妙绝伦，时称周嵌。”

周翥系明嘉靖（1522 ~ 1567 年）时人，为严嵩所豢养，严嵩事败后，周所制器物尽入官府，流入民间绝少。清初时流入民间，仿效者颇多。其中以清代前期的王国琛、乾隆时的卢葵生以及嘉庆、道光时期的卢映之最为有名，这三人也是扬州人。目前所见这类传世实物绝大多数为清初至中期制品。清代后期，由于战乱频繁，民族手工业受到严重破坏，更重要的原因是珍贵材料的匮乏，再也见不到纯用八宝镶嵌的凸嵌花纹家具了。一般来讲，清代后期的镶嵌家具绝大多数为平嵌法，原因是没有过厚的原料所致。下面着重介绍镶嵌家具的品种和特点。

一、嵌螺钿家具

螺钿又分硬螺钿和软螺钿。硬螺钿多为海蚌的硬壳，较大的钿块多为砗渠钿；砗渠为一种大型海蚌，属文蛤类中最大者，长径三尺许，壳甚厚，内白色而光润，外呈褐色而有凹渠五条。切而磨之，则如白玉，可为装饰品。

嵌螺钿家具常见有黑漆螺钿和红漆螺钿，螺钿分厚螺钿和薄螺钿。厚螺钿又称“硬螺钿”，其工艺是按素漆家具工序制作，在上第二遍漆灰之前将螺钿片按花纹要求磨制成形，用漆粘在灰地上，干后，再上漆灰；要一遍比一遍细，使漆面与花纹齐平。漆灰干后略有收缩，再上大漆数遍，漆干后还需打磨，把花纹磨显出来，再在螺钿片上施以必要的毛雕，以增加纹饰效果。即为成器。如：黑漆嵌厚螺钿花卉纹翘头案、黑漆嵌厚螺钿花卉纹平头案以及黑漆嵌厚螺钿花鸟纹架子床和罗汉床等，都是典型的代表作品。明清时期这类器物主要产自山西，亦是“晋作家具”的代表。

软螺钿是针对硬螺钿而言，取自较小海螺的内表皮；其质既薄且脆，极难剥取，故无大块。软螺钿表面有天然色彩，从不同角度看可以变换颜色，又称为“五彩螺钿”，多用于镶嵌在家具的椅背、桌沿、屏框上，个别也有整件家具通体镶嵌。五彩螺钿又称“薄螺钿”和“软螺钿”，是与硬螺钿相对而言，取极薄的贝壳之内表皮做镶嵌物。常见薄螺钿如同现今使用的新闻纸一样薄厚。因其薄，故无大料，加工时在素漆最后一道漆灰之上贴花纹，然后上漆数道，使漆盖过螺钿花纹，再经打磨显出花纹。在粘贴花纹时，匠师们还根据花纹要求，区分壳色，随类赋彩，因而收到五光十色、绚丽多彩的效果。清宫收藏的黑漆嵌五彩螺钿书格（一对）、黑漆嵌五彩螺钿云龙纹翘头案（一对），均刻有“大清康熙年制”楷书款，目前尚未查到确切资料证实其具体产地。按清代制作此种器物以扬州最为著名，从其刻款风格看，应出自造办处内扬州工匠之手。

二、嵌牙骨家具

牙，指象牙。角，指犀牛角或水牛角。兽骨，指牛骨或象骨。用以雕刻成各种图形，装饰在家具上。尤其是象骨，经染色可代替象牙，镶嵌在家具上，可收到绚丽华贵的艺术效果。明清时期广州和北京的造办处制作的嵌象牙家具最为著名，嵌牛骨、象骨及牛角家具则以浙江宁波最为著名。

三、嵌玉石家具

玉石类原料均系琢玉的下角料。有青玉、碧玉、墨玉、白玉、牛油玉等，还有翡翠、玛瑙、水晶、碧玺、金星石、芙蓉石、孔雀石、青金石等，常用于镶嵌家具的板面、牙条、屏心、屏框、挂屏。

四、嵌珐琅家具

珐琅又名“景泰蓝”，始自元代，一度失传，明景泰年间又重新兴起。其制法系以铜板制成器形，表面粘焊用铜丝或银丝掐成的各式花纹，再将各色矿物质的珐琅彩料涂在器物的丝纹里，然后以高温烧制而成。

景泰蓝制品在明景泰、成化两朝为最多，作品亦最精。弘治，正德、嘉靖、隆庆四朝所制数量，质量已不及以前；至明朝灭亡，此业未兴。清代乾隆时又开始烧造，品类较明代要多，作品也好，但和景泰、成化时所制器物相比，仍稍逊色。传世的康熙、雍正款者，其实是乾隆时制品而做的康熙、雍正款。

明代珐琅胎的铜质较好，一般用紫铜，造型多仿古代铜器样式。色料有蜜蜡黄、油红、松石绿等。尽管掐丝粗，花纹也较简单，但图案的气韵丰富，神态生动。明代珐琅蓝釉上多有砂眼，而且都带年款，有“大明景泰年款”或“景泰年制”，有底款和边款的区分。丝纹镀金也稍厚，其中有少量作品用于装饰家具。故宫博物院尚有嵌珐琅面的香几和圆杌。

清代珐琅的铜胎比明代薄，造型品种比明代多，设色也与明代稍有不同，不是蜜蜡黄、油红，而是近似蛋黄色和紫红色，掐丝细，花纹较明代复杂。乍看较好，细看时其神态不及明代器物。彩釉上大都无明显砂眼，镀金的金水也较明代薄。除制作各种瓶、碗、供器外，亦有相当数量的珐琅片、板，用以装饰家具。

清代珐琅以广州和北京两地最为著名。广州以錾胎珐琅为主，也有少量掐丝珐琅。錾胎珐琅的铜板较厚，花纹用錾子錾出，特点是纹理粗细不匀。北京多数为掐丝珐琅，胎体较薄，花丝粗细匀称，但接茬较多，从而形成南北各自不同的风格特点。

五、镶瓷板家具

瓷板即以各种工艺手法制做的彩瓷，明清时常用于镶嵌家具，多用于镶桌面、凳面、柜门及插屏、挂屏、围屏的屏心。有青花、粉彩，五彩、刻瓷等不同品种。瓷板上彩绘各种山水风景、树石花卉、人物故事等图案。这类家具以江西制作较多，江西是全国著名的瓷都，有着得天独厚的优越条件，不仅为家具提供了充足的原料，也为家具艺术增添了色彩。

六、嵌木雕家具

嵌木雕类家具主要体现在屏风类家具上。多为木框镶心，然后在屏心中以各种木质雕刻成各式山石树木、花卉翎毛、人物故事等嵌件，或用胶粘，或用钉钉，固定在屏心的木板上。这种作品如果是用众多木雕块堆起的屏心，边缘镶有木框的才称为“镶嵌”。如果是一块整板浮雕的板心，外镶木框，则单称为“镶”。

七、嵌料石金属家具

1. 料石家具

明清家具中有一部分镶石心或石面的实物，材料以大理石占多数。

大理石：大理石出自滇中（今云南大理苍山），以白如玉、黑如墨者为贵。白微带青、黑微带灰者次之。有白质青章、白质绿章和白质黄章者，多为山水人物及鸟兽之形。白质青章（青色花纹）称“春山”，绿章称“夏山”，黄章称“秋山”。若有天然生成山水云烟之纹，形如宋代米氏父子所画的“米家山”者，为最佳上品。

在古代大理石多用以镶屏风，明代开始用于镶嵌在桌、案，椅，凳、几、榻等面心上。除大理石外，还有永石，永石又名“祁阳石”，出自湖南。永州府所出称“永石”，祁阳县所出则称“祁阳石”。产地不同，特点相同，故可混称。永石石质不坚，色青，好者有山水、日月、人物等图像，多是人为加工，并非自然生成。永石又有紫花、青花之分，一般紫花较青花要好一些。锯开为板后，用以镶桌面或屏心，颇为美观。

南阳石：南阳石产河南南阳，有纯绿花者，有淡绿花者，有油色云头花者，以纯绿花为最佳，其他渐次之。此石性坚且极细润，锯板可用于镶桌面、凳面、屏风心等。

土玛瑙石:土玛瑙石出自山东兖州一带，花纹似玛瑙。红多而细润，不搭粗石者为佳。有胡桃花者最好。大云头花者和红、白花粗者次之。其石性坚，以沙锯板可镶桌、几、床、榻等面。亦可镶成屏风，陈饰居室，典雅不俗。又名“锦屏玛瑙”。

竹叶玛瑙石：竹叶玛瑙石的花斑似竹叶，故名“竹叶玛瑙”。斑纹呈紫黄色，石材长短大小不一，性坚，大者锯板可用于镶桌面。斑纹以细者为佳，大者次之。

2. 玻璃家具

在我国玻璃制品出现很早，战国墓中就出土过用玻璃制成的珠串。当时称“琉璃”。由于烧造工艺难度较高，一直到明朝始终被人们视为珍宝，且只在上层贵族中流行，平民百姓则无缘一见。明末清初之际，西方人发明了平板玻璃，并随着传教士来到中国，这时中国建筑的门窗及装饰品才开始使用平板玻璃。从清宫档案记载看出，当时玻璃主要靠进口。连乾隆时期曾有相当数量镶有玻璃的器物进贡到皇宫，有的直接在玻璃上画油画，然后镶以木框，用于陈饰；有的则是在高档嵌饰作品的木框上镶以透明玻璃，目的在于保护嵌心。外框与屏心及玻璃的结合为“镶”，屏心画面为“嵌”，两者组合为一器，才是名副其实的“镶嵌”。

3. 金银家具

镶金银类家具常见有各式金包角、银包角、铜包角及各式套腿、面叶等，而嵌金银的各类家具则多体现在屏联类家具的漆心上。在漆器上镶金银片的工艺使用很早，唐代是最盛行的时期，主要在贵族及寺庙僧侣间流行。至明清时期，仍是如此，不过其数量不如以前。故宫博物院收藏的两件明万历时期制作的黑漆嵌螺钿龙纹箱上，就使用了描金、描银、描漆、嵌螺钿、嵌银片、嵌铜片等多种工艺。在清代皇宫中镶金片、银片的家具就只见于几件宴桌了。在宴桌上的金银等不同质地的包角，是体现宫中主位的不同等级。

4. 金属家具

明清家具还常用金属饰件的镶嵌来装饰家具。常见的金属饰件有：合页、面叶、扭头、吊牌、提手和提环、曲曲和眼钱、包角、拍子、套腿等。由于这些金属饰件大多都有各自的艺术造型，在安装这些金属饰件时，也要根据嵌件的不同特点，而施以不同的镶嵌手法。如果是带有各式花纹的饰件，就用暗爪，如果是光素饰件，一般用浮钉。镶嵌方法有两种，一为平嵌法，二为凸嵌法。

平嵌法：即在家具安装饰件的部位剔下与饰件造型、大小、薄厚相同的一层木头，将饰件平卧在槽内，装好后饰件表面与木框表面齐平。这种做法都用暗钉，即在背面焊上铜钉，铜钉分两叉，先在大边上打眼，将铜钉钉入打好的孔后，再把透出的双钉向两侧劈分，饰件便牢牢地固定在家具上了。

凸嵌法：家具表面不起槽，只在家具上打眼，把饰件平放于木框表面，用暗爪或泡钉钉牢，装好后，饰件高出家具表面。与平嵌法形成不同风格的装饰效果。

传统家具的金属饰件，最早多用白铜或黄铜制成，明晚期至清前期用红铜镀金，更显华丽。这些光彩夺目的金属饰件，装饰在黄花黎、紫檀木、鸡翅木等色彩柔和、纹理优美的家具上，形成不同色彩、不同质感的强烈对比。可见，明清家具的匠师们在处理结构与装饰、装饰与实用的关系上，艺术手法和艺术处理都是相当成熟的。

镶嵌家具在明清时期还分许多地方风格，如北京的嵌螺钿；江苏的嵌玉；江西的嵌瓷；广州的嵌牙、嵌螺钿、嵌珐琅、点翠；宁波的嵌骨；山东潍坊的嵌金银丝等，都是全国有名的镶嵌产品。

综上所述，我们得出的结论是：明清两代家具的镶嵌手法和镶嵌材料是丰富多样的。尤其是清代，运用多种工艺技法，多种材料结合，巧妙地装饰在家具上，从而形成了以“雍容华贵”“富丽堂皇”为特点的清式镶嵌家具。

纵观中国古代家具史，每个时期都有优秀作品出土或传世。这些优秀作品，无不饱含着中华民族的优秀传统与文化。从这个意义上讲，在家具的形貌、纹饰以及人们使用家具的习俗中，又包含着丰富的非物质文化因素。镶嵌作为家具艺术的不同装饰手法，在传承和弘扬民族文化艺术的活动中，具有十分重要的意义和作用。

①黄花黎的“黎”字，过去很多人都写作“梨”。查众多历史资料，海南黄花黎应为黎族的“黎”字。为与海南产木相区别，其他木梨仍为“梨”字。

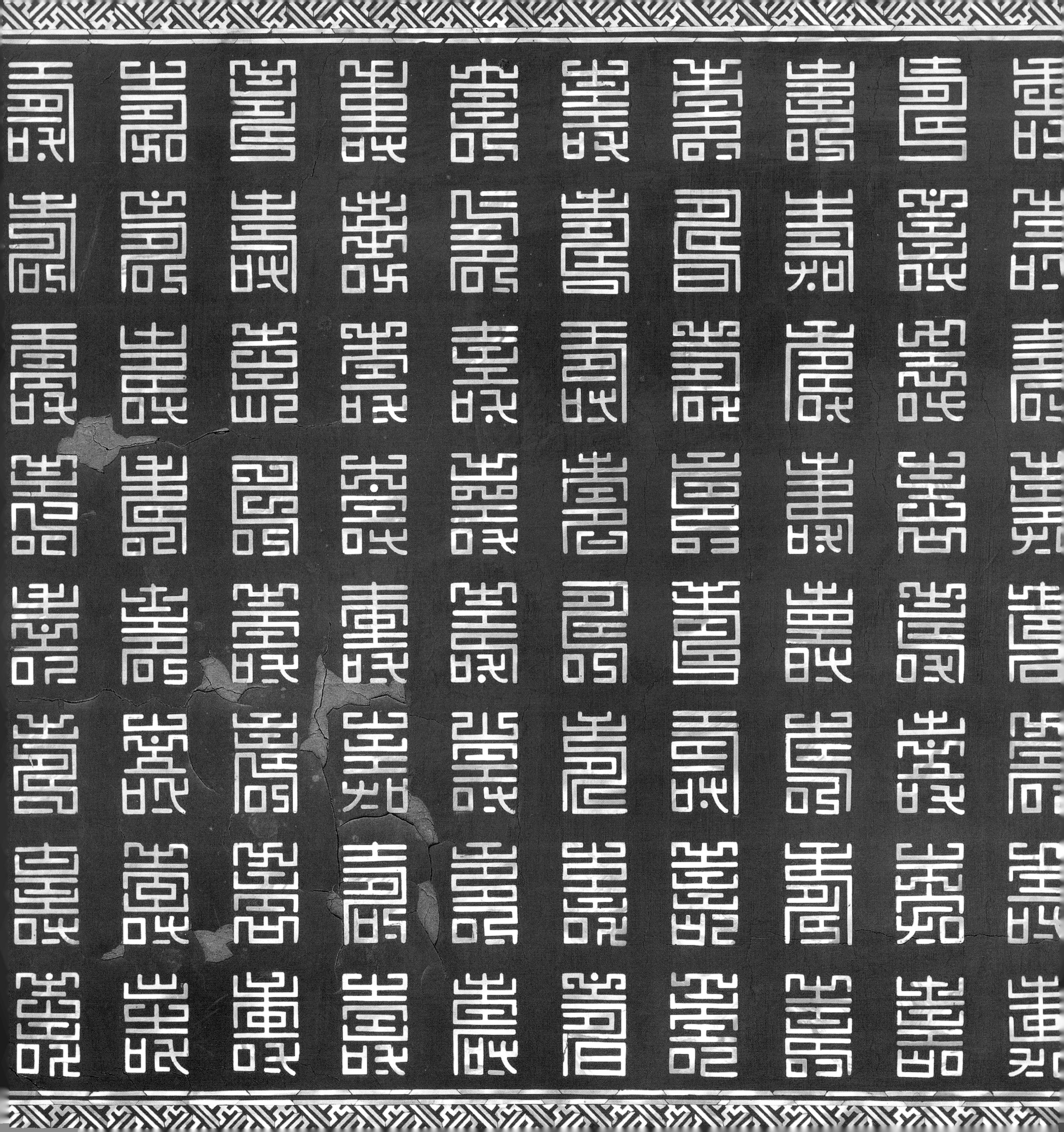

嵌螺钿家具

嵌螺钿家具常见有黑漆螺钿和红漆螺钿，螺钿分厚螺钿和薄螺钿。其工艺是按素漆家具工序制作，在上第二遍漆灰之前将螺钿片按花纹要求磨制成形，用漆粘在灰地上，干后，再上漆灰；要一遍比一遍细，使漆面与花纹齐平。漆灰干后略有收缩，再上大漆数遍，漆干后还需打磨，把花纹磨显出来，再在螺钿片上施以必要的毛雕，以增加纹饰效果，即为成器。

1

黑漆嵌螺钿花鸟纹架子床

明

长210厘米　宽113厘米　高212厘米

床为木胎髹黑漆嵌螺钿家具。四角有立柱，两侧立柱与后背立柱间镶板，形成前脸开敞，其余各面皆封闭。上顶盖下装宽大的楣板，以勾挂榫相连。腿子之间牙板平直，足内翻成大挖马蹄。床面以外各部件均有镶嵌硬螺钿，有缠枝花卉、团花、牡丹、蝴蝶纹。

此床形貌甚为古朴，系明朝晋作大漆嵌螺钿的经典之作。团花、牡丹、连理树及花蝶均表现出对生活的热爱及家庭和睦、夫妻恩爱的美好愿望。

2

黑漆嵌螺钿花鸟纹罗汉床

明

长182厘米　宽79.5厘米　高84.5厘米

床为木胎髹黑漆嵌螺钿家具。床上三面围子呈三屏式，后背稍高两侧略低，皆为板材上髹黑漆嵌螺钿。四周以折枝花卉为地，中间开光嵌硬螺钿缠枝花卉、团花、牡丹、蝴蝶、花鸟纹。床面四周嵌螺钿花卉锦边，中间黑素漆面。面下壶门式牙板与床侧面齐平，方形腿，内翻马蹄，腿牙上皆镶嵌螺钿折枝花卉纹。

腿牙与面沿齐平的做法为四面平式。板材围子与宽大的牙子均显示出器物古朴的造型。这件罗汉床与黑漆嵌螺钿花鸟床为同一种风格，为明朝晋作大漆镶嵌螺钿家具，是极为难得的艺术珍品，现陈设在重华宫。

3

紫檀嵌螺钿龙纹宝座

清早期

长148厘米　宽91厘米　高106厘米

宝座为紫檀木嵌螺钿家具。座面上五屏式围子，后背及扶手上均用硬螺钿镶嵌绦环线，线内均饰龙纹。后中央背板为二升龙相对，在两相向龙纹之间嵌螺钿团寿字，上方嵌祥云及蝙蝠纹。两侧背板各有一降龙，面向中间。扶手两面皆有镶嵌，内侧嵌有祥云及行龙，外侧为双龙相对，中间为蝠寿纹。座面攒框镶板，无束腰。鼓腿膨牙，内翻大挖马蹄，腿牙嵌螺钿夔龙纹。足下为带龟足长方托泥。

此宝座为典型的明式家具造型。其纹饰、工艺反映了康熙时期的风格、特点。为清朝早期镶嵌螺钿家具之精品。

4

黑漆嵌螺钿藤心圈椅

清早期

长64.5厘米　宽48.5厘米　高107厘米

圈椅为木胎髹黑漆嵌螺钿家具。座面攒框镶席心，四角打圆孔，腿子通过圆孔直达椅圈，椅圈呈U型，由搭脑向前兜转至扶手。下边有腿子、连帮棍、靠背板承托。椅子无束腰，壶门式券口的牙板直抵座面下沿，四腿间装步步高赶枨。牙板与靠背板皆嵌螺钿。牙板为折枝花卉纹，靠背板为人物风景图，描绘了树木、山石、庭院以及方桌、圆杌及仕女小憩的情景。

圈椅造型为明式家具，四腿侧脚收分明显，为清初时期家具精品。

5

黑漆嵌螺钿扶手椅

清早期

长57厘米　宽44.5厘米　高104厘米

扶手椅为木胎髹漆嵌螺钿家具。官帽式搭脑略高于两肩，靠背板漆地平嵌螺钿与描金彩绘组合为山水风景图案，四周布以嵌螺钿钱纹锦边，下端亮脚饰镂空如意云头牙子。靠背及扶手框架上均为描金彩绘嵌螺钿折枝花蝶纹。椅面攒框镶席心，四周描金彩绘嵌螺钿开光山水花卉，间以嵌螺钿描金花锦纹。腿上亦描金嵌螺钿折枝花卉纹，下端包铜套足。腿子上部装攒接高拱罗锅枨，加两组双矮佬，下部装齐头碰管脚枨，枨下以牙条相抵。

扶手椅搭脑形同官帽，常以官帽椅相称，此为南官帽椅。

6

黑漆嵌螺钿花卉纹长方桌

清早期

长160厘米　宽58厘米　高82厘米

桌为木胎髹漆嵌螺钿家具。案面平头黑漆地，面上有平嵌五彩螺钿山石花鸟纹。面下装通长牙板，两边有牙堵交圈。案形圆腿之间装双横枨，腿下圆筒套足包裹。面沿、牙板及腿上均嵌五彩螺钿折枝花卉纹。案里穿带上刻“大清康熙甲寅年制”楷书款。

案形腿的主要特点是腿子缩进面沿，前后腿之间装横枨或挡板。此案为平头无托泥类型。其图案生动饱满，蚌色绚丽多彩，为康熙年间嵌螺钿家具之精品。

7

黑漆嵌螺钿花卉纹长方桌

清中期

长150厘米 宽65厘米 高82厘米

桌为木胎髹漆嵌螺钿家具。案面彩绘花卉，四周开光嵌螺钿锦纹地。混面边沿无束腰。四面腿牙夹角处均饰镂空雕花角牙。腿子与桌面为棕角榫相交，并施以霸王枨加固，从而摒弃了横枨加固的做法。直腿内翻马蹄足，腿与面沿上均施彩绘。

此桌的结构异常简练，所施牙、枨均恰到好处，无多余之笔。器形与彩绘图案相得益彰，尽显俊雅之致。它反映出清代帝王文化艺术的品位修养，是清朝中早期的艺术作品。

8

紫檀嵌螺钿花卉纹长方桌

清中期

长167厘米　宽70厘米　高87厘米

桌为紫檀木嵌螺钿家具。紫檀木攒框光素桌面，侧沿平直，描金梅、竹、花卉及张照题诗。面下带束腰，描金嵌螺钿缠枝花卉及蝙蝠纹。曲边牙板中央垂洼堂肚。方材直腿下雕刻回纹足。在腿、牙板上阴刻填金张照题诗并饰描金灵芝、梅、兰、竹、菊等花卉纹。

张照（1691～1745年），字得天，号泾南，自号天瓶居士，江苏人。清康熙年间进士，历仕康熙、雍正、乾隆三朝，官至内阁学士、刑部尚书。擅长书法，为馆阁体代表书家，常为乾隆皇帝代笔。

人去残
英满酒
尊不堪细
雨湿黄昏
照

9

黑漆嵌螺钿云龙纹书案

明晚期

长197厘米　宽53厘米　高87厘米

案为木胎髹漆嵌螺钿家具。案面平头黑漆地，平嵌螺钿团龙、行龙，并间以朵云纹。面沿微带混面，平嵌一圈赶珠式行龙。面下为通长牙板，牙头做如意云头状，两边有牙堵交圈。腿子做混面，上段开槽，夹着牙头与案面相接。牙板与腿子上皆有嵌螺钿龙戏珠纹。案形腿结构，前后腿间装横枨，镶锼空如意云头纹挡板。足下装云头纹铜套足。在案里镶嵌螺钿“大明万历年制”楷书款。

此案为平头无托泥类型。大漆镶嵌硬螺钿带年款家具尤为珍贵。

10

黑漆嵌螺钿山水人物平头案

清早期

长193.5厘米　宽48厘米　高87.4厘米

案为木胎髹漆嵌螺钿家具。案面平头黑漆地，面上有平嵌五彩螺钿山水人物图。四周扁圆形开光，内饰折枝花卉，金钱纹锦边。侧面冰盘边沿饰折枝花卉纹。面下为通长牙板，牙头作如意云头状，两边有牙堵交圈。腿子做混面，上段开槽，夹着牙头与案面相接。腿与牙板上皆镶嵌螺钿折枝花卉纹。案形腿结构，前后腿间装横枨，镶如意云头纹挡板，腿下带托泥。腿有明显的侧脚收分。案通体有洒螺钿、洒金沙工艺。案面红色漆里，在穿带上刻"大清康熙丙辰年制"楷书款。

案为平头带托泥类型。此案用嵌螺钿与洒螺钿工艺相结合的方法制作，充分显示了清朝早期镶嵌家具的制作水平。

11

黑漆嵌螺钿云龙纹翘头案

清早期

长224厘米　宽52厘米　高87厘米

案为木胎髹漆嵌螺钿家具。案面两端带翘头，中间黑漆地上嵌螺钿团龙、行龙，其间有朵云立水纹。四周开光，梅花锦纹地上饰龙戏珠纹。面下为通长牙板，牙头作如意云头状，两边有牙堵交圈。腿子做混面，上段开槽，夹着牙头与案面相接。腿与牙板上皆镶嵌螺钿龙戏珠纹。案形腿结构，前后腿间装横枨，镶如意云头挡板，并镶嵌螺钿云龙立水纹。腿下带托泥，腿有明显的侧脚收分。案里红色漆里，在穿带上刻“大清康熙丙辰年制”楷书款。

案为翘头带托泥类型。此案图案生动，造型稳重，做工精细，为康熙年间嵌五彩螺钿家具的经典之作。现陈设在西六宫之储秀宫。

12

黑漆嵌螺钿花卉纹翘头案

清早期

长270厘米　宽56厘米　高83厘米

案为木胎髹漆嵌螺钿家具。案面两端带翘头，中间黑漆地上嵌螺钿菱形开光，两侧为嵌螺钿六角形开光，面上分别嵌有牡丹、蝴蝶纹，面沿上嵌螺钿折枝花卉纹。面下为通长牙板，牙头作如意云头状，两边有牙堵交圈。腿子做混面，上段开槽，夹着牙头与案面相接。腿与牙板上皆嵌螺钿折枝花卉纹。案形腿结构，前后腿间装双横枨，有明显的侧脚收分。

案为翘头无托泥类型，具有明式家具风格，是清朝早期大漆镶嵌螺钿家具的精品之作。

13

黑漆嵌螺钿云龙纹翘头案

清早期

长232厘米　宽52厘米　高87厘米

案为木胎髹漆嵌螺钿家具。案面两端带翘头，中间黑漆地上嵌五彩螺钿一正龙、四行龙，有流云纹散布其间。四周开光饰天花锦纹地，其中为龙戏珠纹。翘头上为双龙戏珠纹，并有流云纹环绕。面下为通长牙板，牙头作如意云头状，两边有牙堵交圈。腿子做混面，上段开槽，夹着牙头与案面相接。四腿上部皆镶嵌一升龙，下端为立水纹。牙板上龙戏珠纹，有五彩流云相衬。案形腿结构，前后腿间装横枨，镶如意云头挡板，并嵌螺钿正龙、行龙。腿下带托泥。腿有明显的侧脚收分。案髹红色漆里，在穿带上刻“大清康熙丙辰年制”楷书款。

案为翘头带托泥类型。此案图案生动，造型稳重，做工精细，为康熙年间嵌五彩螺钿家具的经典之作。现陈设在西六宫之储秀宫。

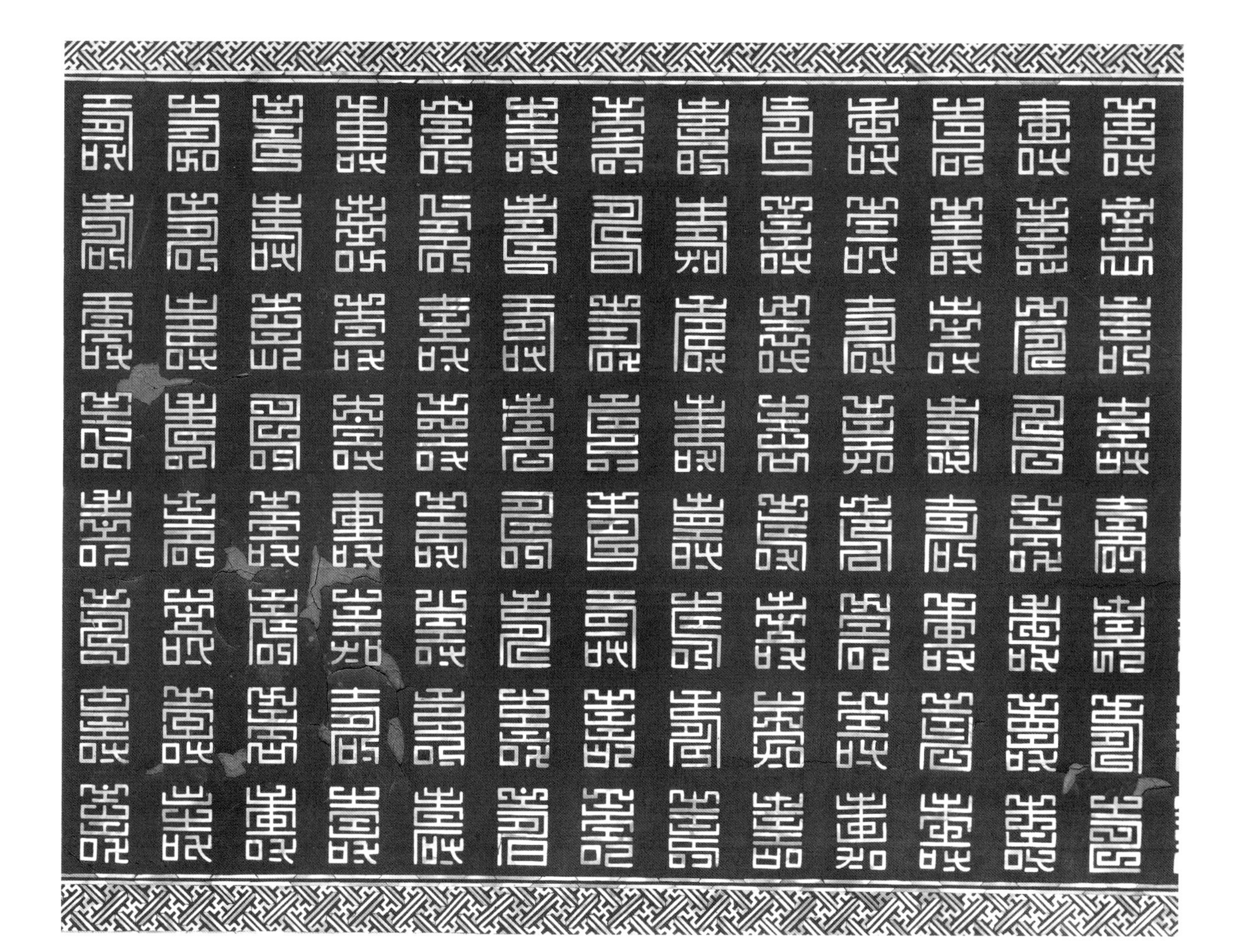

14

红漆嵌螺钿字纹炕桌

清早期

长96.5厘米　宽63厘米　高29厘米

炕桌为木胎髹漆嵌螺钿家具。通体红色漆地，桌面上镶嵌螺钿寿字共一百二十个，侧沿四周布满绵延不断的卍字，组合起来寓意"万寿无疆"。束腰上亦嵌寿字，上下有托腮。曲边牙板与直腿内翻马蹄足上，分别镶嵌有团寿字、寿桃及蝙蝠纹，表达"福寿延绵"的美好愿望。

炕桌是传统家具类型之一，常设置在床榻的中间部位。古人常以床榻为起居中心，无论是看书、写字、用餐或是招待宾客等活动都在此进行。这件器物是清朝早期的作品。

15

黄花黎嵌螺钿夔龙纹炕桌

清早期

长91.5厘米　宽60.5厘米　高28厘米

炕桌为黄花黎木镶嵌螺钿家具。桌面攒框装板心，用黄花黎木不规则小块板材组合成冰裂纹覆盖其上，拼缝间以铜丝镶嵌。中间用紫檀木镶嵌一圆形，圆外圈雕刻漩涡纹，内有双圆开光，又以银丝嵌入所刻的纹饰内。双圆内镶嵌螺钿及红、绿、蓝色石料的夔龙、灵芝、朵云纹。在中心圆的外围四角，各有一紫檀木、螺钿、银丝、银片组合镶嵌的六瓣花纹。桌面边角均用紫檀木嵌扁圆形、三角形开光，紫檀木地子上边分别嵌有螺钿、彩石雕刻的飞鹤、彩云及勾莲纹。面下牙板雕刻蝙蝠纹洼堂肚，并镂空夔龙纹牙头、牙堵。腿子上嵌螺钿夔龙纹，雕刻双外翻云头纹足。

此炕桌使用“百纳镶嵌法”，镶嵌艺术堪称精湛，是乾隆时期镶嵌家具的上乘艺术品。

16

黄花黎嵌螺钿花卉纹炕几

清早期

长76厘米　宽33.5厘米　高35厘米

炕几为黄花黎木嵌螺钿家具。炕几为桌形，四面平式。髹紫漆的几面上饰描金卍字或回字锦纹。腿子与几面以棕角榫相交，并在夹角处装角牙，起到加固的作用。面沿与腿子、角牙均有嵌螺钿折枝花卉。直腿内翻马蹄。

炕几与炕桌有所不同。首先是进深较炕桌要小，通常在30厘米左右，而小炕桌一般在50厘米左右；第二是所摆放的位置不同，虽然都是在炕上使用，但炕桌都是居中使用，所以大多是单件。而炕儿大多成对摆放在炕的两端；第三是功能不同，古代以炕为起居中心的时候，炕桌的作用很多。用餐、读书写字、招待宾客等等。炕儿的作用一般是摆放古玩、书籍等。

17

酸枝木嵌螺钿暗八仙脚踏

清中期

长63厘米　宽31厘米　高17厘米

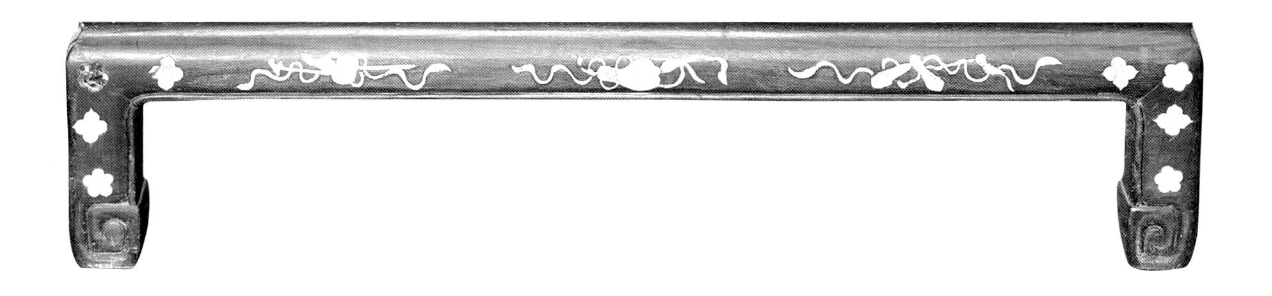

脚踏为酸枝木嵌螺钿家具。通体为酸枝木制，四角攒边框镶板心光素踏面，冰盘式侧沿，带打洼束腰。直牙板与直腿内侧起阳线并交圈，镶嵌螺钿暗八仙纹及花朵纹。其中前后大面各有三件法物，两侧各有一件法物皆为八仙人物所持之物，暗喻八仙。直腿内翻回纹马蹄。

酸枝木家具是在紫檀木匮乏之后，即清中期以后才大规模出现的。清中期以前的酸枝木家具极为少见，这件酸枝木嵌螺钿脚踏代表了清中期酸枝木家具的制作水平。

18

黑漆嵌螺钿龙戏珠纹香几

明早期

直径38厘米　高82厘米

香儿为木胎髹漆嵌螺钿家具。通体黑色漆地，葵花形几面上嵌螺钿加彩绘龙戏珠纹，面沿为彩绘嵌螺钿折枝花卉纹。面下带束腰。壶门形牙板上均有开光，彩绘折枝花卉纹。拱肩与腿子镶嵌螺钿并描彩龙戏珠纹及折枝花卉纹。腿足向内翻卷，开光饰鱼藻折枝花卉纹。足下承托泥。黑漆里上刻“大明宣德年制”楷书款。

此香儿样式古朴，线条柔美，确系明朝遗物，但其中部分图案有后期修补痕迹。它展示了明朝宣德年间的家具风格，是研究古代家具的重要资料。

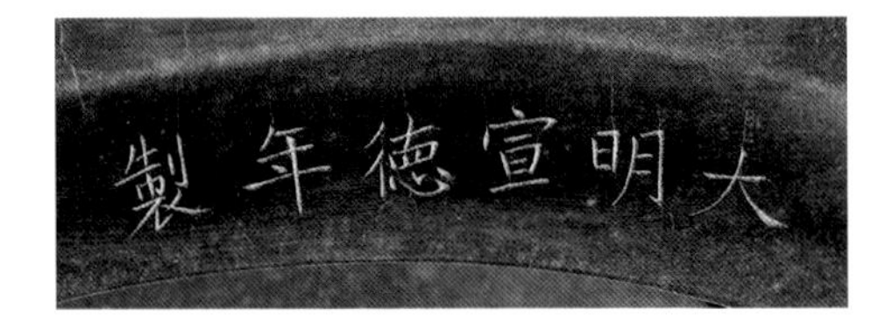

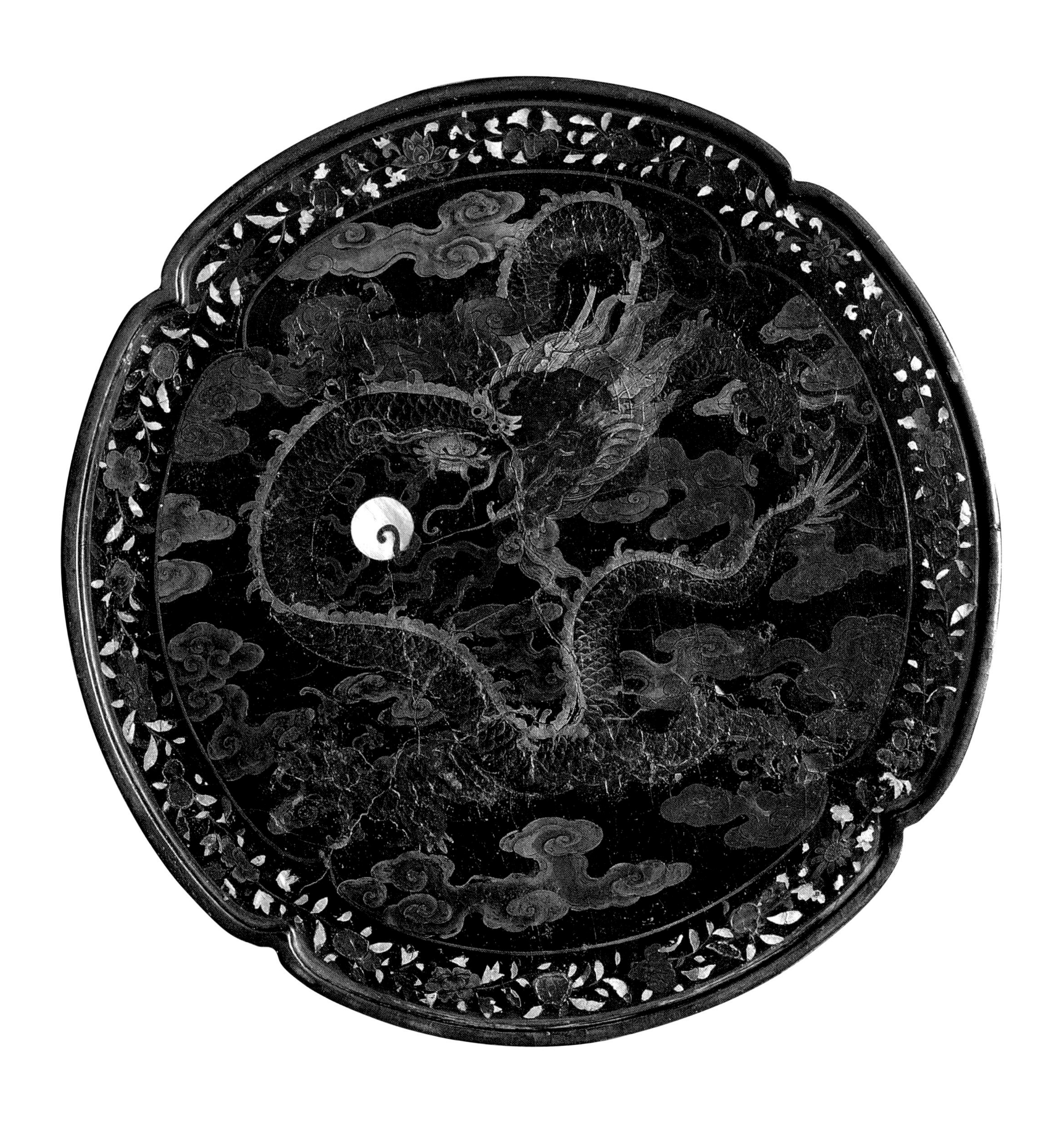

19

黄花黎嵌螺钿夔龙纹盆架

明末清初

长71厘米　宽62厘米　高200厘米

盆架为黄花黎木嵌螺钿家具。盆架六条腿，前四腿较低，且腰部缩进，后两腿较高，搭脑两端有玉雕龙头高挑出头。搭脑与腿子内外交角处分别装有券口牙板与托角牙。两根横枨之间镶板为中牌子，镶嵌拐子纹嵌螺钿券口牙子。下边另有一罗锅枨，并附有随形牙子。腿子之间有双层枨，每层以三条枨相互交叉，上层用来放置洗脸盆。盆架的各部位腿、枨及牙板皆饰嵌螺钿夔龙纹。

20

黄花黎嵌螺钿玉石人物顶竖柜

明晚期

长188厘米　宽70厘米　高280厘米

柜为黄花黎木包镶嵌螺钿家具，分为上下两节，每节均有四门，中间两门可启闭，两侧门子可拆卸。柜门中间安装立拴，镶铜制合页、面叶及拉手。柜正面用螺钿、玉石、染牙、蜜蜡等为镶嵌材料，分别嵌有人物、灵兽、山石、花草、树木。上节为武士手持兵刃格斗厮杀、演武的场面，下节为"番人进宝图"。

平嵌法是所嵌材料与地子齐平，它多用于漆器镶嵌，而凸嵌法是所嵌材料高于地子，从而增加其立体感，它多用于硬木镶嵌。明朝硬木镶嵌家具传世品极少。此柜属大型器物，因此更显弥足珍贵。

21

黑漆嵌螺钿花卉纹书格

清早期

长114厘米　宽57.5厘米　高223厘米

书格为木胎髹漆镶嵌螺钿家具。格有四层，皆四面开敞。在书格的立柱及横枨上，皆为黑漆地镶嵌五彩螺钿山水、人物、花果、虫草纹，并以螺钿和金银片组合成锦纹地开光。底枨下有券形牙板，亦嵌螺钿折枝花卉纹。腿下段包裹铜制套足。二层里面中带上刻有“大清康熙癸丑年制”款。

格也称“亮格”，缘其皆开敞而无门子。常见有一面开敞，或三面、四面开敞。有门子皆称之为柜，二者组合则为柜格。此格为清朝早期制作，做工极为精细，开光内所嵌图案无一重样，是极具艺术价值、历史价值的家具珍品。

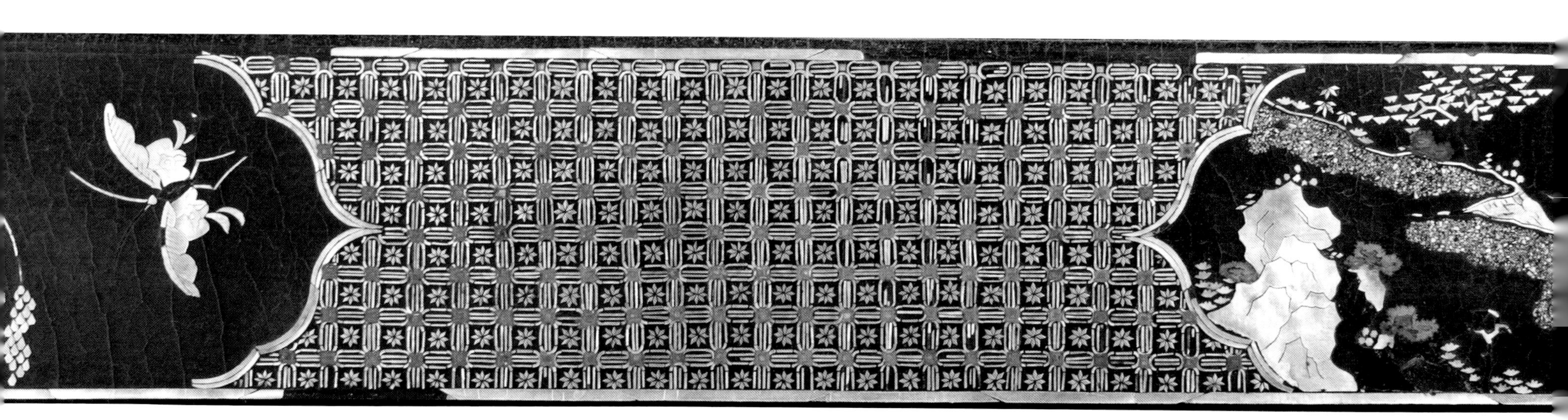

22

黑漆嵌螺钿花卉纹架格

清早期

长114.5厘米　宽57.5厘米　高213厘米

格为木胎髹漆嵌螺钿家具。共分四层，一层以立墙界为两格，其中一格下悬抽屉一具。形成一格两面开敞，另一格三面开敞。二层四面全敞，格板上装一红漆描金小几。三层前后两面有卷曲纹围子，两侧开敞。底层四面全敞，并装卷珠纹圈口牙子。腿下端有铜套足。在亮格的边框上，均有镶嵌螺钿锦纹开光，内有彩绘花蝶、山水图案。

此格形制较为特异。它具备存放书籍、储藏物品、陈设观赏等多种功能。是清早期的艺术品。

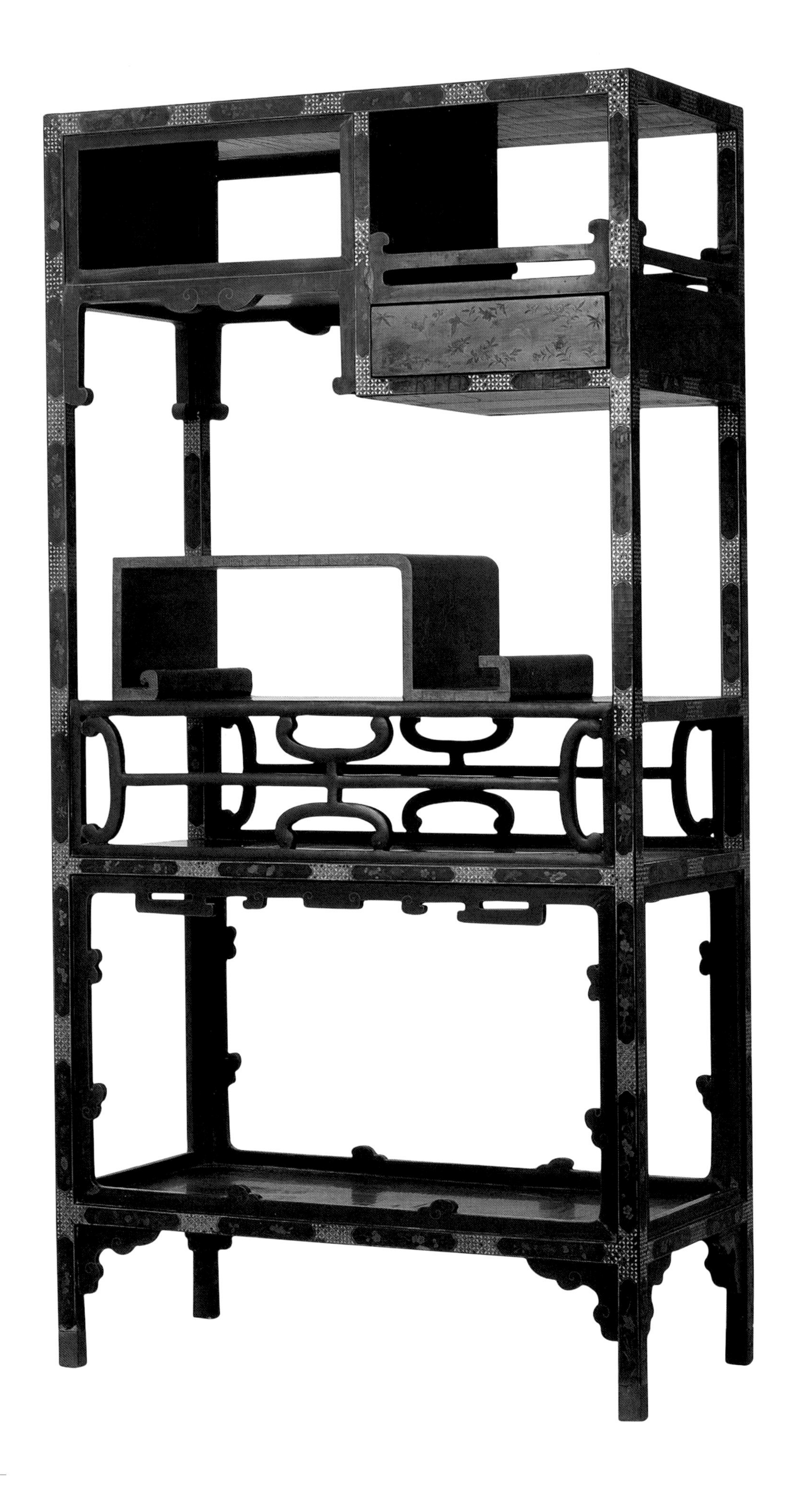

23

红漆嵌螺钿花卉纹多宝格（一对）

清中期

长70厘米　宽35厘米　高165厘米

格为木胎髹漆嵌螺钿家具。通体红色漆地。一件有八格，每格皆三面开敞。格的背板髹黑漆里，开敞部位装雕花圈口牙子，框架上镶嵌螺钿花卉纹，格底枨下四面装牙子。

此格为一套两件组合式家具，使用时可一字排列，也可以相对排列。

24

黑漆嵌螺钿花卉纹多宝格（一对）

清中期

长77厘米　宽32厘米　高174厘米

格为木胎髹漆嵌螺钿家具。通体黑色漆地。其中一件有八格，另一件为七格。小格两面开敞，大格皆三面开敞。格的背板髹黑漆里，开敞部位装雕花牙子，框架上镶嵌螺钿花卉纹，格底枨下四面装牙子。

此格为一套三件组合式家具，另有一底座、进深与格的进深相同，长度与两格的总长相同，底座上有八个榫眼，将两格的八条腿插入后形成一字排列。大件家具化整为零的做法有易于器物的随意摆放、搬动。另外不完全对称，摒弃了僵化而呆板的陈设状态，使之在对称中力求和谐。此格为乾隆时期的家具精品。

25

紫檀边框嵌螺钿雕云龙纹寿字围屏

清早期

通长2240厘米　高324厘米

围屏系紫檀木镶嵌螺钿家具，共有三十二扇。以紫檀木做成子母边框，紫黑色外侧边框上镶嵌有亮晶晶的螺钿，并雕刻缠枝花卉及团寿字；内侧边框上髹彩漆花卉及描金团寿字，上边楣板透雕正龙，下边裙板浮雕相对的两升龙。屏扇正中为绢地书七言诗，四周锦边。每一扇不同的是屏心书写的内容及落款。

紫檀嵌螺钿雕花寿字围屏是康熙60岁万寿节收的寿礼，有一对。其中十六扇为十六个皇子的寿礼，另外十六扇为三十二个皇孙的寿礼。从这件记录名字的寿礼中，可反映出它是“帝党”“太子党”“阿哥党”之间争斗的见证物，具有极高的历史价值。

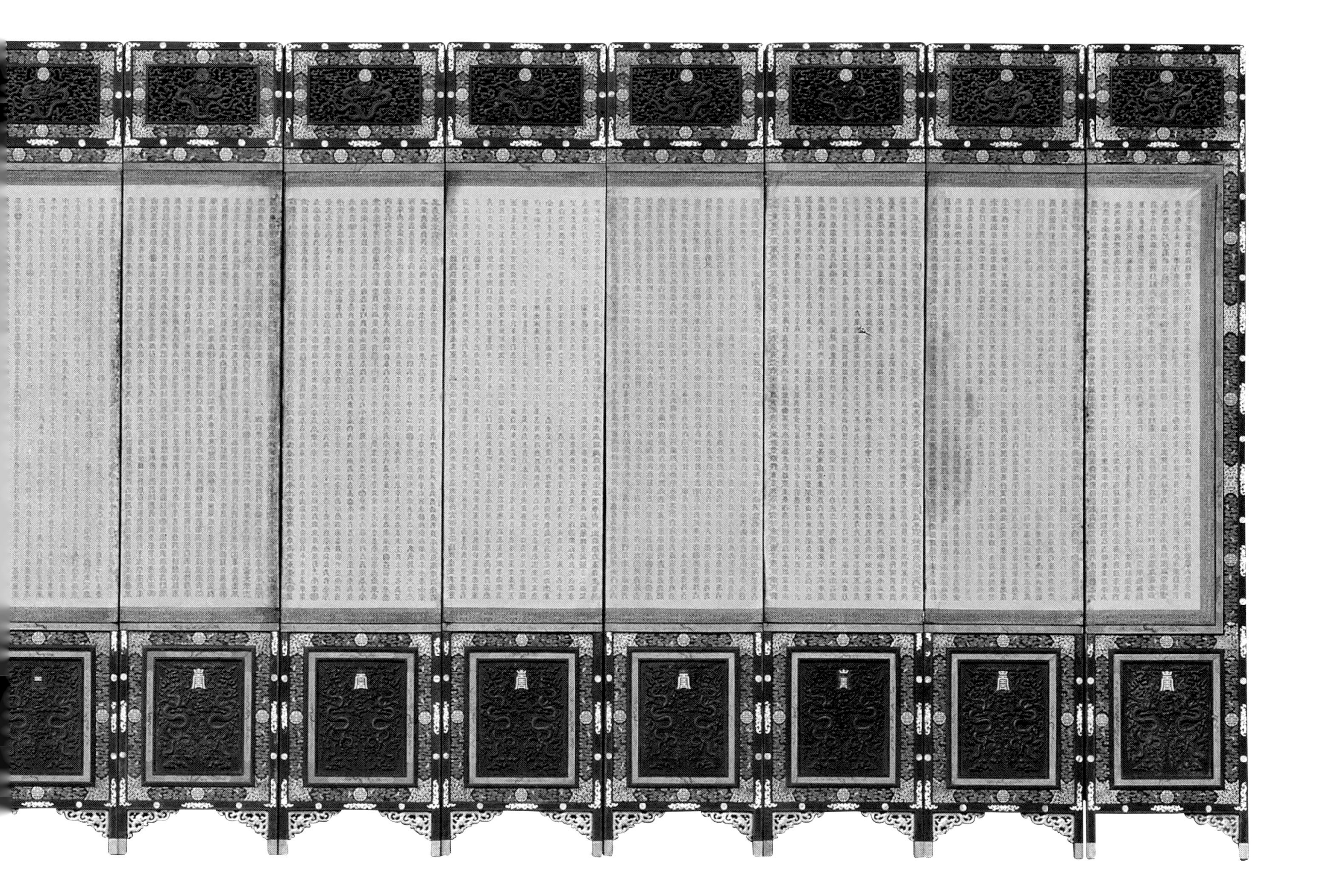

鈞運更昌舜日常明光八表
地同悠久恩重君親慶永長
億侍吾皇
臣胤禛

26

黄花黎边框嵌螺钿玻璃画围屏

清中期

通长640厘米　高300厘米

围屏系黄花黎木镶嵌螺钿家具。黄花黎木框架共八扇，每扇分为四格，上有楣板，下围裙板，中间为屏心及余塞板。每格皆镶嵌玻璃画，屏心玻璃四周压边口条，其余皆为圈口牙子，框架上满镶螺钿。

屏风为屏蔽类家具，通常为隔开另外一个空间或遮挡某物，同时也能起到装饰效果。在宫廷中，屏风的种类有很多，各有不同的功能。这件围屏是专门摆放在炕上使用的，因此又叫作“炕屏”。现陈设在西六宫。

27

紫檀边座嵌螺钿舞狮图插屏

清中期

长20厘米　宽10厘米　高27厘米

插屏为紫檀木镶嵌螺钿家具。紫檀木边座，边框混面起双边线，内侧开槽装硬木板心，上边镶嵌螺钿“舞狮图”。图中为一老一少的少数民族艺人和一张口奔驰中的狮子，三者皆处于动态下。其中老者试图用身体掩护少者，而少者则用手中绣球招引狮子向前扑抢。图案下方横枨为劈料做，以此界出上下两格。下格透雕梭子纹裙板。屏座无屏柱，两对站牙直接抵住屏框。座墩之间有壶门式劈水牙。屏扇的另外一面是折枝梅花图案。

由于折枝梅花是五瓣，暗含五福之意，所以常被借用于祝寿或祝福。狮子被视为灵兽或神兽，有一龙二凤三狮子的说法，白毛狮子尤被视为大瑞。此插屏为清朝早中期的艺术品。

28

酸枝木边座嵌螺钿三狮进宝图插屏

清中期

长37厘米　宽15厘米　高45厘米

插屏为酸枝木镶嵌螺钿家具。酸枝木边座，边框混面起双边线，内侧开槽装酸枝木板心，上边镶嵌螺钿“三狮进宝图”。其中三个金发卷曲的番人手持器械，驱赶一大狮、二小狮行进。屏座两边安立柱，中间二横枨有短材界为两格，镶透雕夔龙纹绦环板，以下为浮雕曲齿形膀水牙。双鼓式座墩，起混面双边线。插屏的背面镶嵌“香稻啄余鹦鹉粒，碧梧栖老凤凰枝”诗句。

插屏的主人使用倒装句，说明只要有香稻就能引来鹦鹉啄粒，只要有梧桐就能引来凤凰栖枝头的因果关系。狮子被视为辟邪护符的瑞兽，并且与“师”字谐音，太师、少师都是古代的官职，有“官禄相传”寓意。

29

黑漆嵌洒螺钿花果纹插屏

清早期

长36厘米　宽15厘米　高42厘米

插屏为漆木镶嵌洒螺钿家具。通体黑漆地，边框及底座满饰洒嵌螺钿沙粒。边框内黑色漆地上镶嵌木雕树木、花卉枝杆及果实花朵。框下余塞板镂空扁圆形开光。屏座上不设屏柱，屏框立边直接与座墩结合，前后两对站牙抵住屏框，增强了它的牢固性。内翻卷云座墩，前后有券形劈水牙。

30

红雕漆边框嵌螺钿山水挂屏

清中期

宽107厘米　高71.5厘米

挂屏为漆木镶嵌螺钿家具。木胎剔红缠枝花草纹边框，上下边框作凸形。框内黑色漆地镶嵌五彩螺钿山水风景图案。画面中远山延绵不绝，塔楼高耸，波浪平缓，树木花草郁郁葱葱，柳条随风微摆，深宅大院中楼台高阁，院外小桥连接两岸。画面四边为雕漆回纹圈口。

五彩螺钿也叫软螺钿，薄如纸片，制作难度很大，所以，此挂屏具有极高的艺术价值。

嵌牙骨家具

牙，指象牙。角，指犀牛角或水牛角。兽骨，指牛骨或象骨。用以雕刻成各种图形，装饰在家具上。尤其是象骨，经染色可代替象牙，镶嵌在家具上，可收到绚丽华贵的艺术效果。明清时期广州和北京清宫造办处制作的嵌象牙家具最为著名，嵌牛骨、象骨及牛角家具则以浙江宁波最为著名。

31

紫檀嵌牙菊花纹宝座

清中期

长115厘米　宽80厘米　高101厘米

宝座为紫檀木镶嵌漆地染牙家具。五屏式围子，委角皆以铜制云纹面叶包裹。框内漆地颜色或轻或重，景致或远或近。漆地上镶嵌以染牙雕刻的截景菊花图。座面攒框镶楠木板心，四角亦用铜制云纹包角。面下打洼束腰。齐牙条，拱肩直腿，内翻马蹄，包裹云纹铜套足。

此宝座在材质、造型、雕工及图案效果等方面，都达到很高的水准。它是乾隆时期具有代表性的镶嵌家具精品。

32

紫檀嵌牙多宝格（一对）

清中期

长53厘米　宽20厘米　高49厘米

格为紫檀木镶嵌象牙家具。以紫檀木为边框，格中加立墙及膛板，分出六个小方格。方格下加矮佬，各装两具抽屉。每一小格前脸都镶有玻璃，以象牙做玻璃圈口压条，抽屉脸四边也用象牙镶边。板式腿之间安装洼堂肚式牙子。

此格是为陈设古玩而设计制作的小型多宝格，适合于放在大案之上单独陈设，或与其他陈设物一起间隔排列或相对排列，也可以在小型几案上一字排列。此格是清朝中期宫廷造办处制作的。

33

紫檀嵌牙多宝格（一对）

清中期

长45厘米　宽17厘米　高70厘米

多宝格为紫檀木镶嵌象牙家具。此格是为陈设古玩而设计制作的小型多宝格，适合于在小型桌案上单独陈设，或相对排列，也可以在大案上与其他器物一字排列。

紫檀木上镶嵌象牙，既增加了装饰效果，又形成了色彩上的反差，使其具有富贵而华丽的特点。此格是清朝中期宫廷造办处制作的。

34

黄花黎边座嵌牙山水围屏

清中期

长212厘米　宽50厘米　高211厘米

围屏为黄花黎木镶嵌漆地木雕牙骨家具。独扇四面皆出站牙。回纹屏框，内髹蓝色漆地，分别镶嵌有鸡翅木雕刻的树木、山石，染牙雕刻的楼阁、亭台、山水和玉雕人物等。屏座带束腰，嵌木雕菱花纹卡子花，上下雕有仰覆莲花瓣。屏座两端呈十字交叉，下端雕刻龟纹足。

带座围屏通常为三扇或五扇等，数量为奇数，屏扇直接落地的围屏多为偶数。而此围屏为单扇，形状酷似插屏。缘其形体较大，且与宝座组合使用，因此称作围屏。

此围屏不仅有宝座配套，还有宫扇、长桌、长案等家具与之配套，这种配套家具称为成堂配套家具。

35

紫檀边座嵌染牙仙人祝寿带钟插屏

清中期

长112厘米　宽76厘米　高236厘米

屏为紫檀木镶嵌漆地染牙家具。屏风边座用紫檀木制作。屏扇上有紫檀木雕云纹、镶嵌牙雕蝠纹屏帽，四周雕刻卷草纹，中间镶嵌一圆形钟表。屏框内镶嵌有染牙雕刻的山水、楼阁、人物、飞鹤、灵兽等，组成了一幅“仙人祝寿图”。

屏座柱头雕刻回纹，前后有两对宝瓶式站牙抵住屏柱，屏座以两根平行横枨相连，其中浮雕云纹绦环板，镶嵌牙雕蝙蝠纹。洼堂肚式劈水牙上浮雕勾云纹。

乾隆皇帝酷爱钟表，因此，把钟表镶嵌在插屏上做为贡品进献，也是投其所好的一种途径。这件作品是乾隆年间由广东进献的。

36

紫檀边座嵌染牙花篮图插屏

清中期

长110厘米　宽65厘米　高214厘米

插屏为紫檀木镶嵌漆地染牙家具。屏风边座用紫檀木制作。屏扇上有紫檀木雕花镶嵌珐琅龙纹屏帽。屏框内镶嵌染牙雕刻花篮。屏座柱头雕刻回纹，前后有两对宝瓶式站牙抵住屏柱。屏座以两根平行横枨相连，其中浮雕云纹绦环板，镶嵌珐琅龙纹。牓水牙上镶嵌珐琅海水江崖及云蝠纹。

镶嵌珐琅是古代家具上使用的重要装饰手法之一，尤其在广式家具上更为普遍，这件插屏是清朝中期广东制作的家具。

37

紫檀边座嵌染牙柳燕图插屏

清中期

长99厘米　宽56厘米　高195厘米

插屏为紫檀木镶嵌漆地染牙家具。屏风边座用紫檀木制作。屏框起两道阳线边，中间铲地成凹槽，镶嵌青白玉与寿字相间的蝙蝠纹。框内米黄色漆地上染牙雕刻柳树、燕子。屏座柱头雕刻回纹，前后有两对宝瓶式站牙抵住屏柱，屏座以两根平行横枨相连，其中浮雕云龙纹绦环板，牓水牙雕刻蝙蝠衔磬纹。

镶嵌象牙是古代家具上使用的重要装饰手法之一，尤其在广式家具上更为普遍，这件插屏是清朝中期广东制作的家具。

38

紫檀边座嵌染牙点翠水乡风景插屏

清中期

长96厘米　宽57厘米　高145厘米

插屏为紫檀木镶嵌漆地染牙家具。屏风边座用紫檀木制作。屏框起双边线，中间形成凹槽，凸雕西洋卷草纹。框内背板黑色漆地，以染牙、点翠组合成一幅江南水乡的景色。屏座两侧为宝瓶式柱，有两对雕刻西洋花站牙前后相抵。两根平行的横枨连接屏柱，其间镶西洋花纹绦环板。下方为曲边劈水牙，皆饰西洋花纹。

39

紫檀边座嵌染牙山水人物插屏

清中期

长95厘米　宽56厘米　高147厘米

插屏为紫檀木镶嵌漆地染牙家具。屏风边座用紫檀木制作。屏框起双边线，中间形成凹槽，凸雕西洋卷草纹。以染牙、点翠组合成一幅山水人物图。屏座两侧为宝瓶式柱，有两对雕刻西洋花站牙前后相抵。两根平行的横枨连接屏柱，其间镶西洋花纹绦环板。下方为曲边劈水牙，皆饰西洋花纹。

镶嵌象牙是古代家具上使用的重要装饰手法之一，如此大面积的使用象牙雕刻完整的图案尤为珍贵。这件插屏是清朝中期广东制作的家具。

40
紫檀边座嵌染牙五百罗汉插屏

清中期

长125厘米 高115厘米

插屏为紫檀木镶嵌漆地染牙家具。屏框为紫檀木制，框内蓝色漆地镶嵌鸡翅木雕刻群山，以象牙染色雕刻人物、树木花草、庭院高台、河流瀑布。在山坡上、庭院中及仙台上有五百名罗汉，每人均手执法器，屏上沿正中镶嵌牙雕乾隆皇帝御制诗文《罗汉赞》。屏座上以板材雕刻夔龙纹立墙替代了屏柱及站牙，立墙开槽将屏框卡住。屏扇下端绦环板、劈水牙均浮雕夔龙纹。屏风背面雕刻"半壁出海日"图案。

此插屏是乾隆时期依据宋朝画家陈居中的画稿制作的。

御
製羅漢贊
指出乾闥手
扶禪杖塔或
倚肩研或擎
掌或佩法輪
或持拂子如
意如誰數珠
數比肅馴若
貍以手撫之
全身威猛滿
志慈悲

41

紫檀边座嵌染牙点翠水乡风景插屏

清中期

长94厘米　宽60厘米　高150厘米

插屏为紫檀木镶嵌染牙家具。屏框起双边线，中间形成凹槽，凸雕西洋卷草纹。框内背板黑色漆地，以染牙、点翠组合成一幅水乡风景图。画中各色染牙雕刻出房屋、人物、牲畜、树干、船只、农作物等，以点翠堆嵌出山石、树叶等。屏座两侧为宝瓶式柱，有两对雕刻西洋花站牙前后相抵。两根平行的横枨连接屏柱，其间镶西洋花纹绦环板。下方曲边劈水牙，皆饰西洋花纹。

此插屏为配套组合家具，通常在门或窗的两侧并排使用。也可以在其他地方相对陈设。屏框中所表现的是江南水乡人们劳动生产以及生活的一个场面，有渔民撒网撑船的，有手持鱼篓捞鱼的，有田间辛勤劳作的，有牧童骑牛吹笛的，有老者院中聊天的，以此展现富饶而欢声笑语的江南美景。这件精美的艺术品是清朝中期广东的贡品。

42

紫檀边座嵌牙海屋添筹插屏

清中期

长94厘米　宽60厘米　高150厘米

插屏为紫檀木镶嵌染牙家具。屏框起双边线，中间形成凹槽，凸雕西洋卷草纹。框内背板黑色漆地，以染牙、点翠组合成一幅“海屋添筹图”。画中各色染牙雕刻出殿堂楼阁、群仙人物、祥云仙鹤等；以点翠表现山石、祥云等。屏座两侧为宝瓶式柱，有两对雕刻西洋花站牙前后相抵。两根平行的横枨连接屏柱，其间镶西洋花纹绦环板。下方曲边劈水牙，皆饰西洋花纹。屏框中的楼阁中陈设一宝瓶，天上飞来的仙鹤口中衔筹，并将筹插入宝瓶中，每插一筹为一次海水变桑田，以此寓意长寿。

此插屏为配套组合家具，通常在门或窗的两侧并排使用。也可以在其他地方相对陈设。这件精美的艺术品是清朝中期广东的贡品。

43

紫檀边座嵌染牙广州十三行风景插屏

清中期

长83厘米　宽40厘米　高141厘米

插屏为紫檀木镶嵌染牙家具。屏扇以紫檀木为边框，中间雕刻缠枝莲纹，边沿起阳线。框内侧打槽镶板，饰漆地染牙广东十三行风景图。屏座上立屏柱，雕刻卷云纹柱头。屏柱前后有站牙相抵。柱有双枨相连，枨间镶绦环板，浮雕蝙蝠纹及夔龙纹，劈水牙雕花纹。卷书足。

广东通商口岸是乾隆时期唯一留存的口岸。画面中为著名的建筑靖海门、五仙门、粤秀山镇海楼及来往的商船、客船等口岸繁忙的贸易景象。这件精美的艺术品是清朝中期广东的贡品。

44

酸枝木边座嵌牙三阳开泰插屏

清中期

长33.8厘米　宽46.6厘米　高60厘米

插屏为酸枝木镶嵌染牙家具。屏框混面起单边线。屏心天蓝色漆地加洒金沙地。镶嵌染牙雕刻“三羊婴戏图”。松梅下竹石曲栏前一童骑羊、一童掌扇、一羊随行，又一童手执树枝，驱策一羊作共行状。羊与阳谐音，以此寓意“三阳开泰”。两侧光素屏柱前后有雕花站牙相抵，屏柱有平行的双枨相连，枨间镶如意云纹绦环板，下边劈水牙雕刻夔龙纹。后背为黄色绢地，行楷书五言诗一首，下署“朱延龄秋山极天净诗”款。

此插屏可称为桌屏或案屏，通常在案上摆放。画面是根据清朝画家姚宗翰画稿所制，为清朝中期的艺术精品。

45

紫檀边框嵌染牙大吉葫芦挂屏

清中期

宽56厘米　高90厘米

挂屏为紫檀木镶嵌染牙家具。用紫檀木做边框四角委角，框上雕刻纹饰两边起阳线。屏心以蓝色为地，上沿镶嵌染色牙骨，分别有红、黄、蓝、绿、粉五色为地的宫灯纹饰。下边镶嵌有珐琅、玉石、木雕及染色牙骨组合的象座挑杆宫灯、大吉葫芦瓶、磬、如意、花卉等纹饰，其中寓意“太平有象”“平安如意”“吉庆如意”等吉祥图案。

46

紫檀边框嵌染牙点翠山水人物挂屏（一对）

清中期

宽144厘米　高108厘米

挂屏为一对，是紫檀木镶嵌染牙家具。用紫檀木做边框，中间凹槽内雕刻西洋花草纹，两边起阳线。框内背板黑色漆地，画面中以染牙点翠镶嵌山水、人物、船只及祥云等，表现了江南水乡渔民劳动的场面。四周镶嵌錾铜西洋花纹圈口条。另一件挂屏同样画面、材质及工艺。

47

紫檀边框嵌染牙鹤鹿同春挂屏

（一对）

清中期

宽50厘米　高87.5厘米

挂屏为一对，紫檀木镶嵌染牙家具。用紫檀木攒素混面边框，框内黑色漆地。其中一挂屏镶嵌染牙雕刻乾隆御制《松》诗，下边有染牙雕刻的松树、花草、灵芝及仙鹤。另一挂屏所嵌染牙为乾隆御制《柏》诗，并署“王杰敬书”，下边则为柏树、花草、灵芝及梅花鹿，有松柏长青、鹤鹿同春之说，寓意人之长寿。在祝寿的贡品中常常出现此类纹饰。

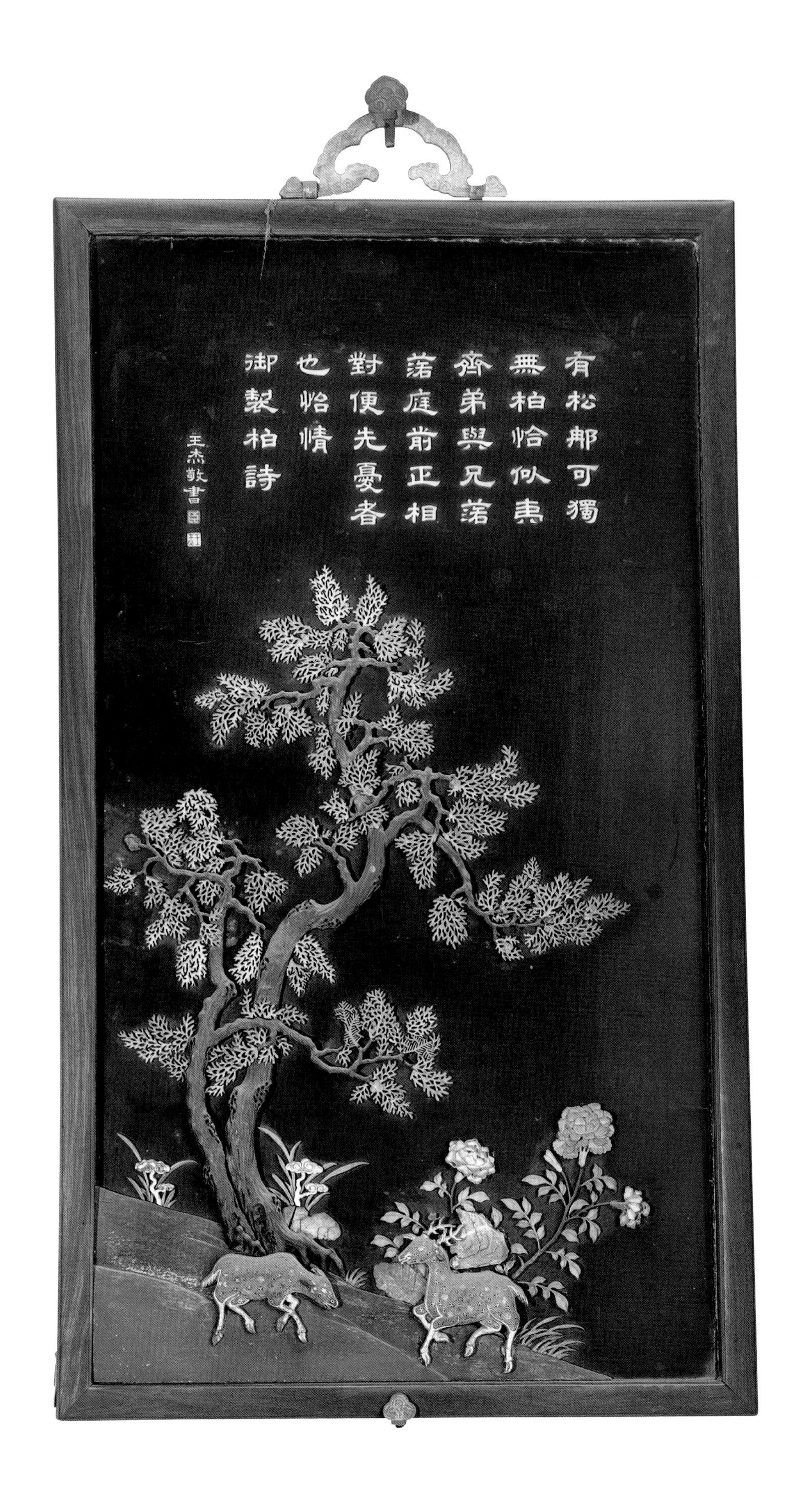

匼論三鍼與
五鍼盤虬撐
蓋総嘉陰本
来不藉時人
種茴茴孳枝
嘗十尋
御製松詩

48

紫檀边框嵌染牙花鸟纹挂屏

（一对）

清中期

宽68.5厘米　高103厘米

挂屏为一对，是紫檀木镶嵌染牙家具。屏框上沿用短料格角攒接，形成上边凸起，下边向内翻卷，下沿凹进并向外翻卷。蓝色漆地上以染牙、玉石镶嵌花鸟纹。其中一挂屏屏心山崖上有一株桃，树从山石缝隙中穿出，枝上结出桃子，两只小鸟在枝杈上相对而语，山坡上有花草、灵芝。

另一挂屏上镶嵌染牙雕刻的立于山石上的绶带鸟。“绶”与“寿”同音，它与桃子皆为祝寿的题材，常常出现在器物上。

49

紫檀边框嵌染牙仙人福寿字挂屏（一对）

清中期

宽60厘米　高130厘米

挂屏为一对，是紫檀木镶嵌染牙家具。挂屏以紫檀木攒边框，框上镶染牙雕刻的绳纹、双环纹。框内侧打槽装髹黑漆板屏心，屏心上边嵌染牙乾隆御制《罗汉赞》诗，下边铜质“福”字槽，内装饰有染牙山石、树木及九罗汉图。

此挂屏与寿字挂屏为一对组合式家具。各有九罗汉，合为十八罗汉。乾隆皇帝是历史上帝王中年龄最长者。在位60年，做太上皇3年，合为63年。每年万寿节都要接受许多寿礼。这对挂屏便是进献给乾隆皇帝的寿礼之一。

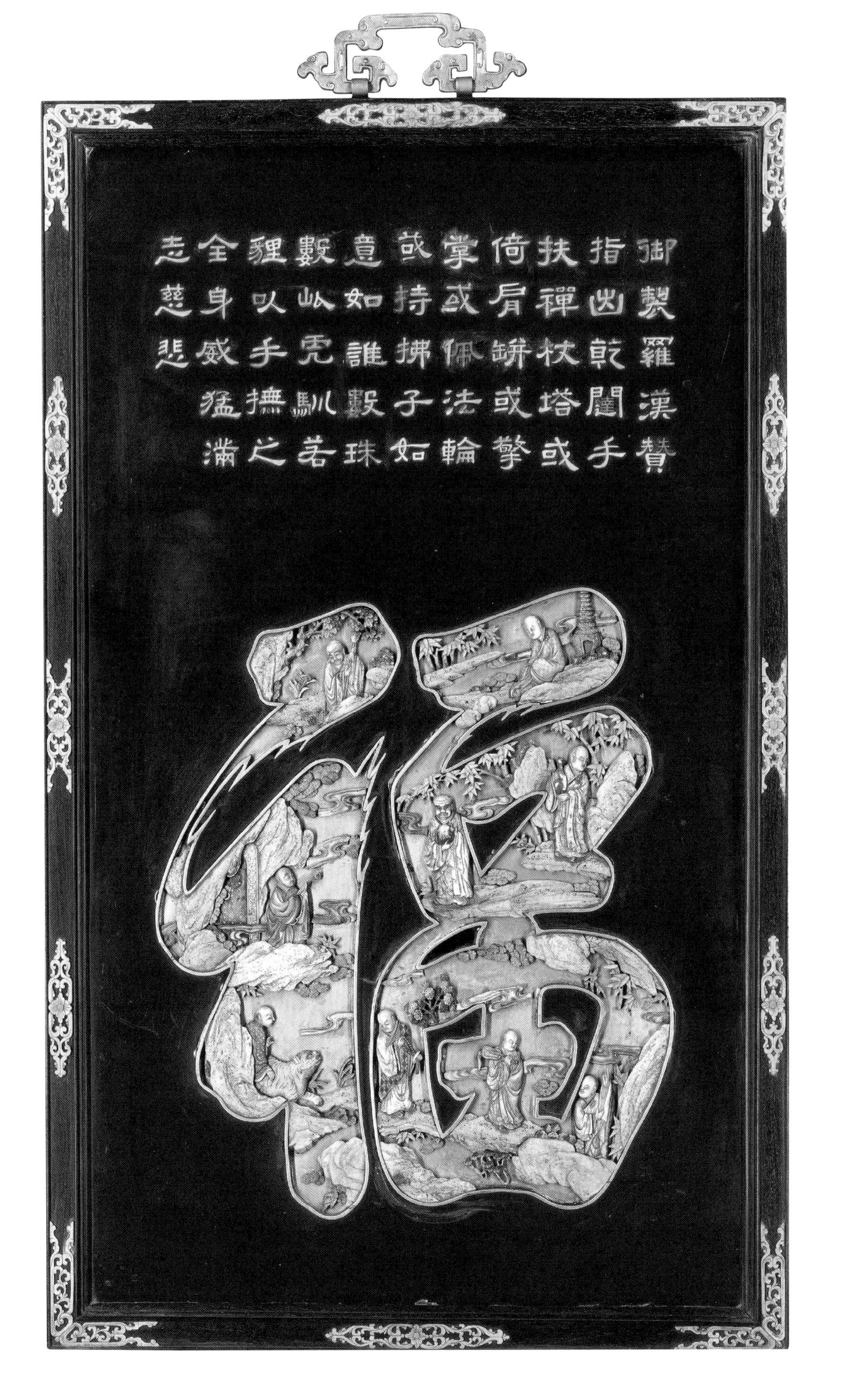

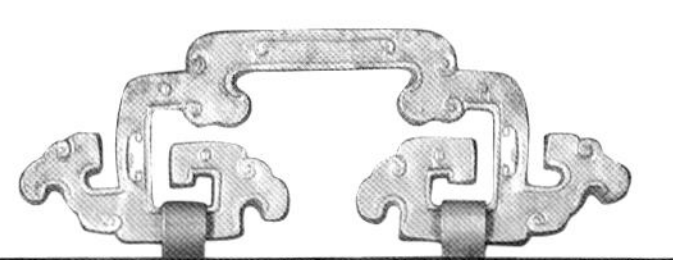

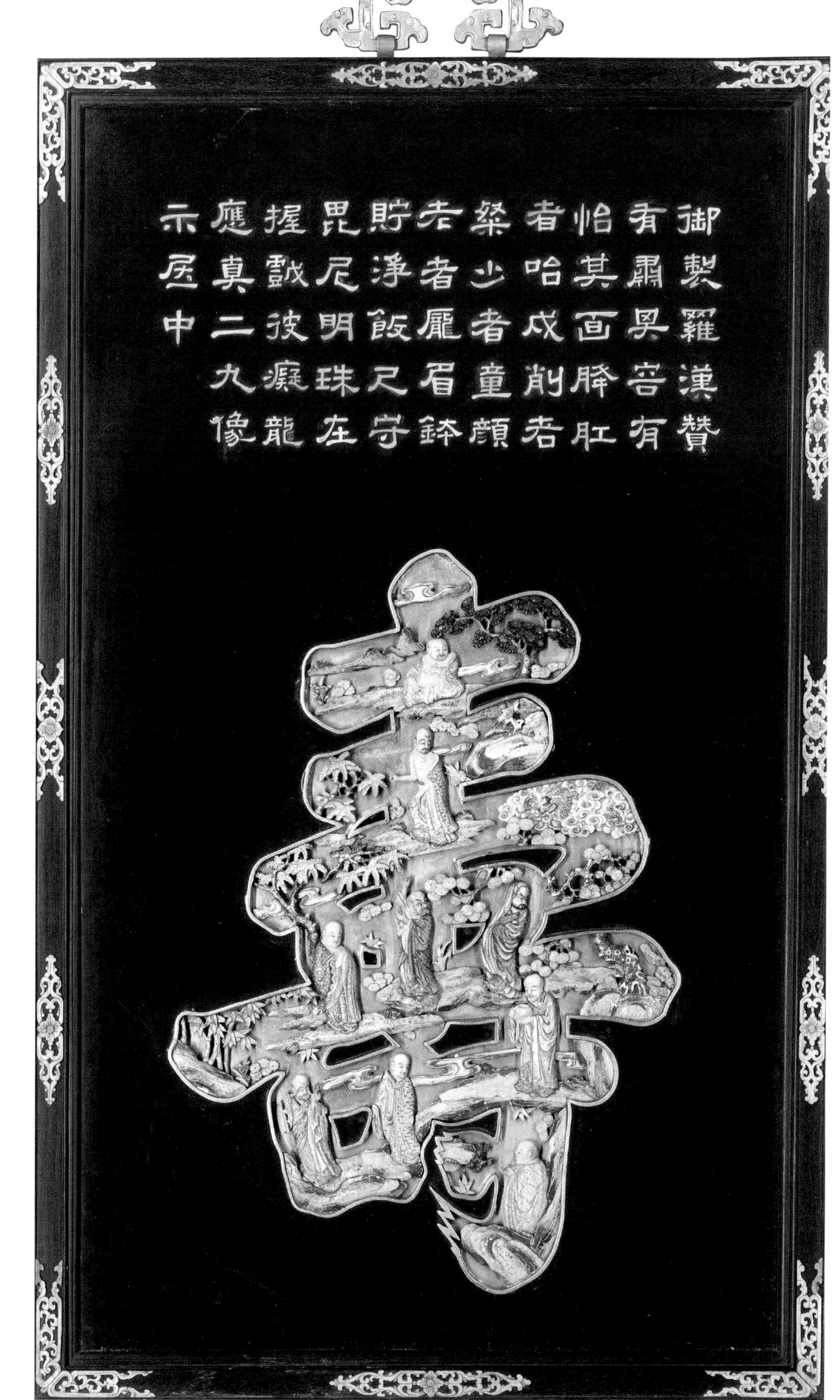

50

紫檀边框嵌染牙七言挂对

清中期

宽20.5厘米　高101厘米

挂对为紫檀木镶嵌染牙屏联，以紫檀木制作混面边框。框内镶板，漆黑色地，镶嵌隶书牙雕乾隆御制诗七言挂对。上联为：共欣穹宇中秋月，下联为：都作增龄海屋筹。落款为：臣曹文埴恭集敬书。对联中每字周围均开光，镶嵌染牙雕刻的缠枝莲纹。

嵌玉石家具

玉石类原料均系琢玉的下角料。有青玉、碧玉、墨玉、白玉、牛油玉等，还有翡翠、玛瑙、水晶、碧玺、金星石、芙蓉石、孔雀石、青金石等，常用于镶嵌家具的板面、牙条、屏心、屏框、挂屏等。

51

紫檀嵌玉柱鼓腿膨牙罗汉床

清早中期

长206厘米　宽98厘米　高110厘米

床为紫檀木嵌玉家具。床面上三屏式围子，后面稍高于两侧。围子中上部安横枨，枨上分别饰圆形、方形卡子花。枨子以下有立柱分隔成段，每段又有玉制小柱密部其间。床面以下全部光素。面侧沿为混面，俗称“泥鳅背”。面下带平直的束腰。鼓腿膨牙，牙子为洼堂肚式。

此床又名“罗汉床”，做工考究，造型较为简练，加之紫檀与所嵌玉料形成的色彩反差，使其尽显精美，为乾隆时期精品。

52

紫檀嵌玉夔龙纹罗汉床

清中期

长206厘米　宽111厘米　高102厘米

床为紫檀木嵌玉家具。七屏式床围子，后背分为三块，紫檀木光素边框，框心内侧嵌青白玉雕夔龙纹、云纹，四周镶铜线。边围共四块，均两面嵌白玉雕夔龙纹、云纹，四周镶铜线。光素床面，四角以錾花铜页包裹。面下束腰平直，上下加装托腮。鼓腿膨牙，饰卷云纹洼堂肚式牙子。内翻卷云足，下承托泥。

此床的形象如同宝座，区别就在于他的体积比宝座略大些。在清朝的进单上，常常有注明所进物品为"宝座床"，即指这类物品。这是乾隆时期的家具精品。

53

紫檀嵌玉花卉纹宝座

清中期

长103厘米　宽76厘米　高92厘米

宝座为紫檀木嵌玉家具。五屏式围子，搭脑凸出并向后翻卷。由搭脑延伸两侧转而向前，呈阶梯状依次递减。靠背、扶手均以紫檀木为框，框内髹米黄色漆地，镶嵌各色玉料雕刻成的山石、菊花、枝干、叶子等。座面攒框装板镶席心。面下束腰开光锼空炮仗洞，上下有托腮。鼓腿膨牙，牙条下沿垂大洼堂肚。内翻马蹄，下承须弥座。

髹漆镶嵌家具多为苏州制作。这件宝座即是乾隆时期苏作的代表性髹漆镶嵌家具。

54

紫檀嵌玉花果纹宝座

清中期

长128厘米　宽79厘米　高104厘米

宝座为紫檀木嵌玉家具。三屏式围子。搭脑凸起形同屏帽，并向两侧延伸成帽翅状。上边浮雕海水云龙纹，边缘雕回纹。背板心髹蓝、白、褐色漆地，表现出有远有近的天地之色。漆地上有多种宝石、象牙、木料等镶嵌出的古树、葡萄、绿叶等截景图案。这种工艺称之为百宝嵌。座面攒框镶楠木板心。面沿、腿、罗锅枨上皆做双混面双边线，并组合成变体的回纹。下承如意云头纹足。

宝座以葡萄纹、回纹及海水江崖纹等，表现出“多子多福”“江山永固”“绵延不断”的美好愿望。它是乾隆时期的艺术精品。

55

紫檀嵌玉云龙纹宝座

清中期

长109厘米　宽84厘米　高104厘米

宝座为紫檀木嵌玉家具。紫檀木框架。座面上三面围子，以紫檀木凸雕回纹背，搭脑做勾云形隆起，镶嵌白玉雕蝠纹。靠背及两侧扶手皆以碧玉雕云纹为地，嵌白玉雕龙纹及火焰。座面以薄板拼接成卍字锦纹地。面下束腰，镶嵌条形珐琅片。洼堂肚式牙子上镶嵌白玉团花及云蝠纹，嵌碧玉花叶。腿、牙夹角处装珐琅托角牙子。三弯式腿外翻卷云纹足。足下为长方形托泥。后背为黑漆描金云蝠纹及圆寿字。

故宫藏品中乾隆时期镶嵌青白玉云龙纹宝座只此一件，故被视为极其珍贵的艺术品。

56

紫檀嵌玉云龙纹宝座

清中期

长122厘米　宽85厘米　高100厘米

宝座为紫檀木嵌玉家具。以紫檀木为边框，三屏式围子，靠背高于两侧扶手，屏帽式搭脑镶嵌錾铜双线，并镶碧玉回纹，两侧扶手亦如此。框内以碧玉镶嵌，其中后背浮雕二龙及云纹，扶手为两面镶嵌，每面皆浮雕一行龙及云纹。座面边沿、束腰及牙板均为紫檀木平雕回纹锦图案。直腿内翻足，平雕螭纹。下边带龟式足托泥。背面为黑漆描金云龙纹。

此宝座为清朝中期制作。现陈设在养心殿东暖阁垂帘听政处。

57

紫檀嵌玉桃果纹宝座

清中期

长122厘米　宽86厘米　高106厘米

宝座为紫檀木嵌玉家具。座面上三面围子呈五屏式。后背为三块扶手，两块分别攒框装板心，长方形开光起阳线，板心上雕刻桃树，在树枝上镶嵌有白玉雕刻的桃子。扶手为两面雕刻、镶嵌。围子上边装雕刻拐子纹帽子。座面攒框镶板心，混面边沿，四角镶铜制包角。打洼束腰下鼓腿膨牙，中间垂洼堂肚式勾云纹牙子。腿牙拱肩处饰铜包角，内翻卷珠式足，下承铜包角托泥。

58

红雕漆嵌玉荷花纹宝座屏风

清中期

长127厘米　宽91厘米　高115厘米

宝座为红雕漆嵌玉家具。三屏式围子，靠背略高，皆木胎。红雕漆边框雕刻花卉纹，框内米黄色漆地，镶嵌碧玉、白玉雕刻的荷花、莲蓬、飞燕等图案。屏帽式搭脑浅浮雕海水纹为地，凸雕正龙、行龙之身，或隐或现，呈深入浅出、上下翻腾之状，边缘勾出卷云纹。座面侧沿及束腰为洼堂肚式牙子，鼓腿膨牙，内翻马蹄足。足下承托泥。宝座附脚踏。

此宝座与红雕漆嵌玉荷花纹围屏、红雕漆脚踏、红雕漆嵌玉宫扇、红雕漆嵌玉香几为成堂配套家具，是清朝中期红雕漆镶嵌玉雕家具的精品。

59

紫檀嵌玉雕花扶手椅

清中期

长60厘米　宽42.5厘米　高89.5厘米

椅为紫檀木嵌玉家具。如意云头形搭脑与靠背、扶手的云头纹勾卷相连。靠背板上镶嵌玉雕花卉纹。背板抹头下有壶门牙子。座面攒框委角，镶楠木板心。面下打洼束腰，浮雕连环云头纹，下有托腮。四面披肩式牙子将腿子肩部包裹，中部垂洼堂肚，上面浮雕飞鱼海水纹。腿子做双混面，外翻如意纹足。足下托泥四角亦雕刻如意纹。

扶手椅上镶嵌数点白玉梅花，使得这件家具增添了更多的雅致。它制作于乾隆时期，既有明式家具的特点，又有清式家具的风格，属于明式向清式过渡的作品。

60

棕竹嵌玉三阳开泰扶手椅

清中期

长65厘米　宽51.5厘米　高93.5厘米

扶手椅为竹质嵌玉家具。座面上三面围子呈阶梯状。后背板攒框，分为三个部分，上两节镶板髹黑漆，下节亮脚装攒拐子纹牙子。上部分高高凸起，并向后微卷形成搭脑，漆地上饰描金双夔纹，四周回纹锦边。中间漆地上镶嵌两块青玉，一为菱形镂雕夔龙玉璧，一为长方形浮雕三羊与流云，寓意“三阳开泰”，周围描金回纹锦边。黑漆描金椅面、侧沿。面下四直腿之间装横枨，前后稍低、两侧略高的步步高赶枨。枨子下边与扶手、靠背的空档处均用湘妃竹攒成拐子纹花牙。竹子横截面暴露部分镶嵌象牙堵头。

此椅由于以棕竹、湘妃竹为主要材料，具有大多部位呈圆材的特点。镶嵌还有玉及象牙，使器物更显雅致，是清朝中期珍贵的艺术品。

61

紫檀嵌玉桃蝠纹藤心圆杌

清中期

33.5厘米　高46厘米

圆杌为紫檀木嵌玉家具。紫檀木攒框镶席心杌面，混面边沿上浮雕六处对称花草纹。束腰上有相应六处梭子纹开光，鼓腿膨牙，牙板上雕花锦纹地，镶嵌青玉蝙蝠纹及桃寿纹，寓意“福寿双全”。六弧形腿外翻卷珠式足，下承带龟足托泥。

圆形的垂足坐具由来已久。唐朝时称之为“荃台”。绣墩之名在清朝档案中履见。它是对坐具所用皆为绣垫而言。明朝的绣墩比较粗硕，清朝的绣墩向修长发展。这件绣墩是清朝中期的作品。

62

紫檀嵌玉蝙蝠纹六角式墩

清中期

直径355厘米　高47厘米

座墩为紫檀木嵌玉家具。座面六边形，以紫檀木为边框，内镶木板条拼接的纵横交错几何纹。平直边沿下带打洼的束腰，并镶嵌十二片绿地卷草纹掐丝珐琅。上下有浮雕莲瓣纹托腮。鼓腿膨牙，下垂洼堂肚。腿、牙镶嵌白玉雕蝙蝠、团花及草龙纹。六条腿内翻马蹄下承接托泥，龟式底足。

此座墩与图55紫檀嵌玉云龙纹宝座为成堂配套家具。此件坐具用料上乘，做工考究，集多种镶嵌、多种技法于一身。如此可知此堂家具耗资之巨，它不仅反映了乾隆时期高超的工艺水平，也反映了清朝中期的经济实力。

63

紫檀嵌玉花卉纹长方桌

清中期

长160.5厘米　宽64厘米　高86厘米

桌为紫檀木嵌玉家具。四角攒边框镶板心桌面，面沿光素平直。高束腰，正面五开光，侧面二开光，内饰缠枝莲纹，束腰上下皆有托腮。宽大的曲边牙板满饰缠枝莲纹，牙板上镶嵌五块白玉，与束腰上的开光相对应，侧面亦如是，白玉上满雕缠枝莲纹。腿与牙板、桌面为粽角榫连接，腿子内两面光素，外侧两面施以雕工，并镶嵌有白玉开光雕缠枝莲纹，直腿下端内翻回纹马蹄。

64

黑漆嵌玉蝙蝠纹炕桌

清中期

长111.5厘米　宽80厘米　高29厘米

炕桌为木胎髹漆嵌玉家具。通体黑色漆地，桌面上镶嵌玉寿字共一百二十个，侧沿四周布满绵延不断的卐字，组合起来寓意“万寿无疆”。束腰上亦嵌寿字，上下有托腮。曲边牙板与直腿内翻马蹄足上，分别镶嵌有团寿字、寿桃及蝙蝠纹，表达了“福寿延绵”的美好愿望。

炕桌是传统家具类型之一，常设置在床榻的中间部位。古人常以床榻为起居中心，无论是看书、写字、用餐或是招待宾客等活动都在此进行。这件器物是清朝中期的作品。

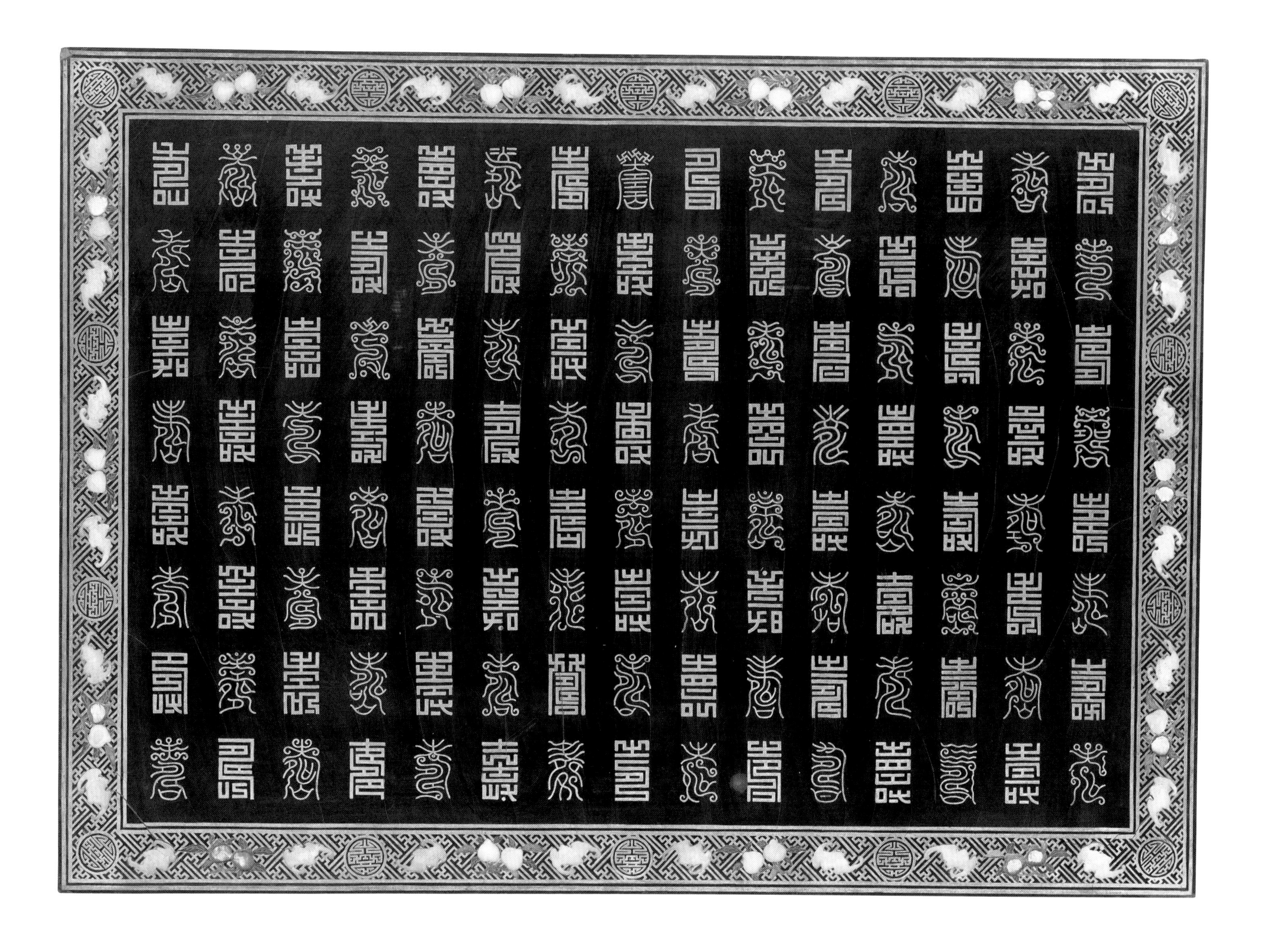

65

紫檀嵌玉璧炕几

清中期

长66厘米　宽42厘米　高25厘米

炕几为紫檀木嵌玉家具，为四面平式。紫檀木攒边框镶板心几面，混面边沿下无束腰。四腿之间以绳纹系玉璧代替了横枨，其中靠近腿子的部位镶嵌半圆形玉璧，中间为两个组合成圆形的玉璧。直腿内翻回纹马蹄。

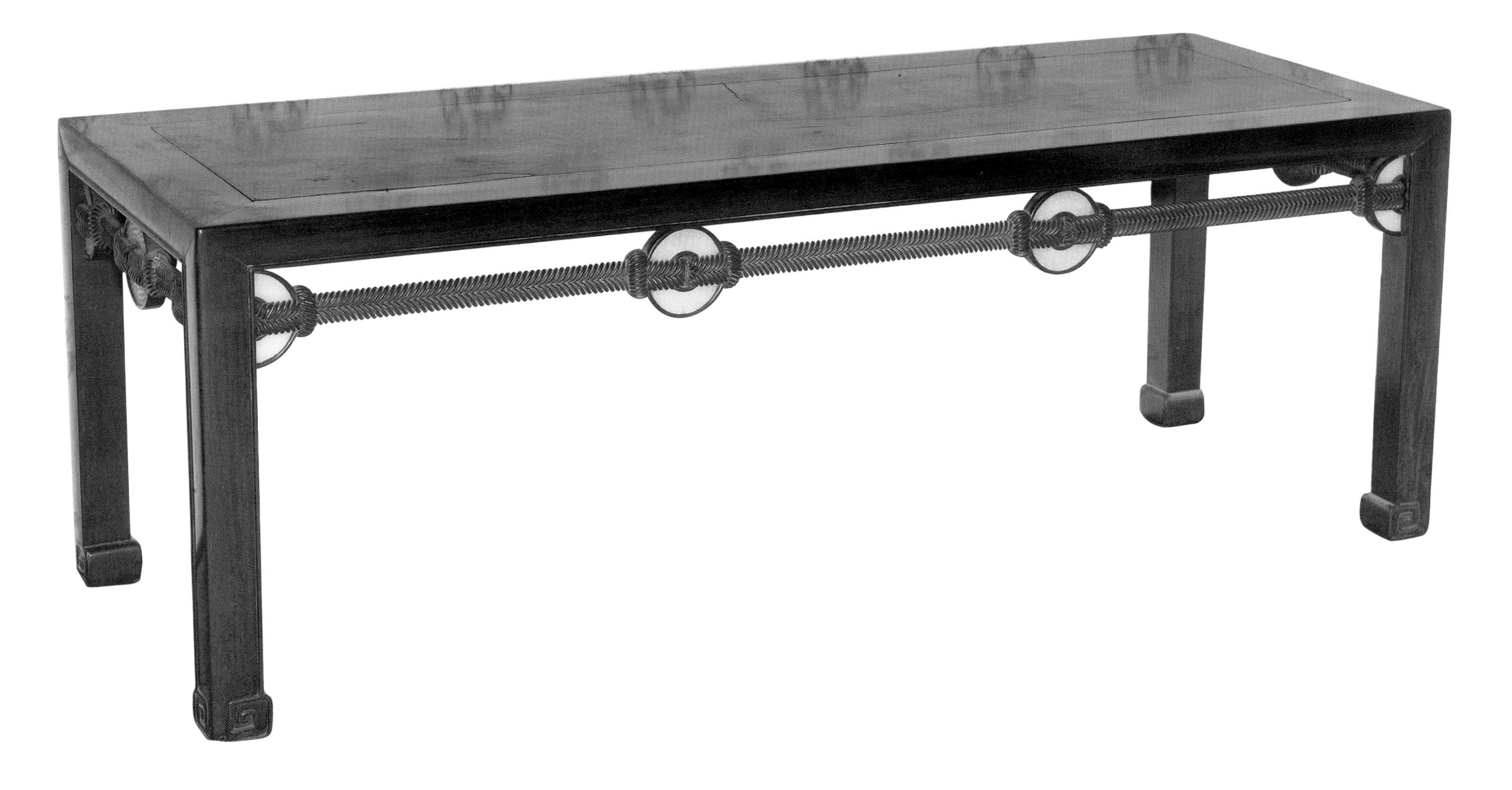

66

紫檀嵌玉璧花卉纹方儿

清中期

长41.5厘米　宽41.5厘米　高81厘米

方儿为紫檀木嵌玉家具，紫檀木攒边框，侧面冰盘沿，高束腰上紫檀雕花板上开光镶嵌青白玉，直牙条，腿子下半节缩进，为展腿式外翻马蹄，足下承带龟足托泥。

香儿是宫廷家具中常见的一种器物，有与围屏、宝座、宫扇等一堂使用的典制类香儿，也有用于摆放古玩的作用。但是大多都是成对使用。这件香儿是清朝中期制作的。

67

红雕漆嵌玉荷花纹座屏

清中期

长314厘米　高271厘米

座屏为雕漆镶嵌玉雕家具。共三扇，居中一扇略高，皆木胎红雕漆边框雕刻荷花纹，框内米黄色漆地，镶嵌有碧玉、白玉雕刻的荷花、莲蓬、飞燕等图案。屏帽浅浮雕海水纹为地，凸雕正龙、行龙之身或隐或现，深入浅出、上下翻腾之状，屏帽边缘勾出卷云纹。屏扇两边各一云龙纹站牙。八字须弥座上雕漆花卉纹，中间束腰浅浮雕海水纹为地，凸雕正龙、行龙，上下雕刻仰覆莲花瓣。卷云纹足。后背为黑色漆地描金云龙纹。

此座屏与红雕漆嵌玉荷花纹宝座、红雕漆脚踏、红雕漆嵌玉宫扇、红雕漆嵌玉香几为成堂配套家具。是清朝中期红雕漆镶嵌玉雕家具的精品。

68

紫檀边座嵌玉花卉纹座屏

清中期

通长304厘米　高237厘米

屏风为紫檀木嵌玉家具。边座以紫檀木制成，共九扇。屏心正面为米黄色漆地，每扇分别以玉石嵌有茶花、石榴、紫藤、梅花、天竺、牡丹、玉兰、菊花、腊梅等花卉，并有乾隆皇帝对每种花卉的赞花御题诗。背面为黑漆描金云蝠纹。每扇上楣板、下裙板及边扇外侧绦环板上均有开光，雕刻西番莲纹。边框里口嵌绳纹铜线圈口。雕刻如意云边开光西番莲纹毗卢帽。下承三联木座。

乾隆皇帝是世间作诗最多的人，在心情最佳状态时，所见之物皆可成为题材。每天可作数首。作品收录到《高宗纯皇帝御制诗文集》。屏风图案系根据清初邹一桂、蒋廷锡画稿，由扬州工匠制作的。

69

紫檀边座嵌青玉五事箴围屏

清中期

长56厘米　高47厘米

围屏为紫檀木嵌玉家具，共五扇，以紫檀做边框，屏扇分数格，上格楣板，下格裙板，洼堂肚式牙子，腰间装绦环板，最大一格内镶嵌玉板雕刻的《五事箴》全文。屏扇两边为宝瓶式站牙。屏扇下八字形须弥式座。

70

紫檀边座嵌玉千字文围屏

清中期

通长330厘米　宽20厘米　高173厘米

屏风为紫檀木嵌玉家具。边座为紫檀木质地，共九扇。屏心正面嵌玉乾隆御题草书《千字文》，后署“怀素草书千文　庚寅(1770年)小年夜　御临”款。背面蓝漆地上描金绘梅、桃、梨、桂花等花果树木。裙板落堂踩鼓，镶嵌牙雕染色花卉。下承长方形须弥座，座上浮雕仰覆莲瓣纹，束腰光素而平直。乾隆书千字文中“天地元黄”与梁人周光嗣所作“天地玄黄”有别，系避讳其祖玄烨之名而更改。

此屏风为书房陈设之物，有观赏及屏蔽的作用。此大型屏风为乾隆时期的家具精品。

71

紫檀边座嵌玉古稀说围屏

清中期

长112.5厘米　宽16.5厘米　高53厘米

屏风为紫檀木嵌玉家具。围屏共九扇，以紫檀木为边框，混面起单边线，每扇三格分别镶嵌青玉，上下二格内阴刻并戗金圆寿字及卐字锦纹，中格内刻乾隆皇帝《御制古稀说》全文，落款为“金简敬书”。屏帽正中描金圆寿字，四周镂雕夔龙纹。屏扇两边分别有镂雕夔龙纹站牙。八字须弥式屏座，中间束腰浮雕卷草纹，上下雕刻仰覆莲花瓣。

带座围屏通常与宝座组合使用，而此屏风系仿造的小型围屏，是陈设于桌案之上的桌屏。为大学士金简在乾隆皇帝70岁万寿节时进献的寿礼。

御製古稀說
余以今年登七袠因用杜甫句刻古稀天子
之寶其次章即繼之曰猶日孜孜蓋予宿志
有年至八旬有六即歸政而頤志於寧壽宮
其未歸政以前不敢弛乾惕猶日孜孜所以
答
天庥而勵己躬也正壽之慶群臣例當進獻
辭賦於是彭元瑞有古稀之九頌既以文房
等件賜之以旌其用意新而遣辭雅顧一再
翻閱頌有不得不為之說以申予意者其辭
曰
古人有言頌不忘規茲元瑞之九頌徒見其
頌而未見其規在元瑞為得半而失半然使
予觀其頌洋洋自満遂以為誠若此則不但
失半又且失全矣何肯如是夫由斯不自満
驗然若有所不足之意充之以是為敬
天之本必益凜旦明毋敢或渝也以是為法
祖之規必思繩
前烈而慎聰聽也以是勤民庶無始終之變
可以是典學為實學以是奮武非黷武以是
籌邊非鑿空以是制作非虛飾若夫用人行
政旰食宵衣孰不以是為慎脩思永之樞機
乎如是而觀元瑞之九頌方且益深予臨深
履薄之戒則其頌也即規也更惓思之三代
以上弗論矣三代以下為天子而壽登古稀
者纔得六人已見之近作矣至夫得國之正
擴土之廣臣服之普民庶之安雖非大當可
謂小康且前代所以亡國者曰強藩曰外患
曰權臣曰外戚曰女謁曰宦寺曰奸臣曰佞

72

紫檀边框嵌玉热河志序围屏

清中期

通长480厘米　高167.5厘米

屏风为紫檀木嵌玉家具，为十二扇。紫檀木制混面边框，以四根腰抹头界出五格，楣板、腰板及下裙板皆雕刻拐子纹，绦环板上雕刻蝙蝠、如意与卍字纹，寓意“万事如意”。正中屏心板为蓝色漆地，镶嵌玉雕乾隆皇帝《御制热河志序》，后署“臣刘秉恬敬书”款。

御製熱河志序
為各省之志書易為熱河之
志書難彼其以漢人書内地
事且各府州縣本有晉乘楚
檮杌舊而輯之其易也不待
燭照數計而龜卜也熱河之
志則以關外荒略非内地而
遼金元之史成於漢人之手
所為如越人視秦人之肥瘠
忽然故曰難夫遼金元非若
唐宋之興於内地而據有之
也又其臣雖有漢人通文墨
者非若唐宋之始終一心於
其主語言有所不解風尚有
所不合且遼金元皆立國不
久旋即遜出則所紀載詎其
得中得實蓋亦難矣夫遼金
元之史紀内地而詎其得中
得實尚且難之況紀邊關以
外荒略之地乎其不能得中
得實亦益明矣當今之時熱
河之志不可不成者則以本
朝荷
天之寵百有餘年累洽重熙
漢人已數世被覆載生育其
語言風尚薰陶漸漬不可以
遼金元之漢臣例之亦理之

73

紫檀边座嵌青玉菜叶插屏

清中期

宽27厘米　高46厘米

屏风为紫檀木嵌玉家具。插屏为紫檀木边座。攒边混面边框。内侧装紫檀木绦环板，上有梧桐、芍药、水仙、兰草、竹子、山石等纹饰，中间镶青玉雕菜叶。屏扇下光素绦环板，前后两对光素站牙，相互抵住屏扇底角，卷收式足。背面有阴刻描金“瑞呈秋圃”四字，两侧纹饰为松、梅、兰花、灵芝、山石等。

74

紫檀边座嵌玉爱乌罕四骏图插屏

清中期

长32厘米　宽18厘米　高37厘米

屏风为紫檀木嵌玉家具。紫檀木制，混面单边线边框。屏心为木雕崇山峻岭、古树林立，其中山路中镶嵌着玉雕骏马四匹。

爱乌罕为音译即“阿富汗”。此屏风为乾隆时期阿富汗向清廷进贡的物品。

75

紫檀边座嵌玉璧夔龙纹插屏

清中期

长31厘米　宽17厘米　高36厘米

插屏为紫檀木嵌玉家具。紫檀木屏框、站牙上透雕夔龙纹。屏心正面镶嵌青玉雕蝙蝠、夔龙纹，间隙处有豹、猪、兔、羊等兽纹。背面光素，打槽装板。在背板和玉璧夹层中藏有古铜镜。

小插屏往往根据摆放的位置不同，其称谓也不同。比如有灯屏、砚屏、桌屏等等。这件小插屏由于暗藏铜镜于其中，放在灯前有反光而增加亮度的功能，因而也可称之为灯屏。此屏制作于乾隆年间。

76

紫檀边座嵌碧玉云龙纹插屏

清中期

长48.5厘米　宽22厘米　高58厘米

屏风为紫檀木嵌玉家具。紫檀木制光素边框，框内镶嵌碧玉雕刻的海水云龙纹，四边有圈口及铜镀金绦线。屏扇下攒框镶板，中间长方形开光上，镶嵌碧玉雕海水纹，四周镶铜镀金绦线。屏柱雕刻云纹柱头，前后有瓶式站牙相抵，曲边劈水牙连接须弥式座。

广式家具以用料粗硕及大面积镶嵌象牙、珐琅、玉等取胜，此件镶嵌碧玉的插屏为清朝中期广州制作的。

77

紫檀边座嵌碧玉云龙纹插屏

清中期

宽234厘米　高156厘米

屏风为紫檀木嵌玉家具。紫檀木制子母式套框，外侧边框光素无纹饰，上端委角，内侧子框用绦线做软角，绦线中间雕刻蝉纹。屏心镶嵌碧玉雕海水云龙纹，四边有圈口及铜镀金绦线。屏框上安云龙海水纹屏帽。屏座无柱，屏框两端及前后均有雕刻海水云龙纹站牙与之相抵，屏座两端呈十字交叉，光素平直座面、侧沿及束腰。牙板及足部皆雕刻海水云龙纹。

78

紫檀边座嵌碧玉云龙纹插屏

清中期

长116厘米　宽64厘米　高203厘米

屏风为紫檀木嵌玉家具。紫檀木制光素边框，上端委角。框内正中镶嵌碧玉雕刻海水云龙纹，四周有长方形及梯形碧玉雕刻，周围镶嵌铜镀金绦线。

广式家具以用料粗硕及大面积镶嵌象牙、珐琅、玉等取胜，此件镶嵌碧玉插屏为清朝中期广州制作的。

79

紫檀边座嵌玉百子图插屏

清中期

长75厘米　宽25厘米　高73厘米

屏风为紫檀木嵌玉家具。用紫檀木板材制作箱状边框，框内以紫檀木透雕、圆雕亭台楼阁、树木山石，玉雕百子戏耍图等。光素屏柱内侧开槽，前后两对光素站牙，屏柱有平行的双枨相连，其中镶紫檀木板心，上有描金阴刻大学士于敏中、王际华等人的诗词，下为平板卷书式座墩。

乾隆皇帝享年89岁，是古代帝王中在世、在位最长的皇帝。晚年时其子、孙、曾孙、元孙已是五代同堂，儿孙胥绕，人丁兴旺。这件作品正是对当时的赞颂与祝福。

80

黄花黎边座嵌玉璧插屏

清中期

宽42厘米　高61厘米

插屏为黄花黎木嵌玉家具。屏扇以黄花黎木攒素混面边框，内侧装格角攒边并锼出内圆的素面内框，其中镶嵌玉璧。屏扇下有绦环板，锼出上翻云头纹，屏座上不设屏柱，屏框立边直接与座墩结合，前后两对宝瓶式站牙抵住屏框，增强了它的牢固性。座墩连接着下翻云头劈水牙。

81

文竹边座嵌玉十六罗汉双面插屏

清中期

长76厘米　宽20厘米　高40厘米

插屏为木胎镶竹嵌玉家具。边座皆为木制，以竹子内层皮子粘贴在器物之上。屏扇分为十六格，每格内均镶嵌玉板，正面雕刻十六罗汉像，背面雕刻乾隆皇帝御制《十六罗汉赞》。屏扇下边以三短柱分为四格，装捏角梭子纹开光绦环板，曲边洼堂肚式劈水牙，屏座鼓形墩上，分别立有两对站牙抵住屏框。

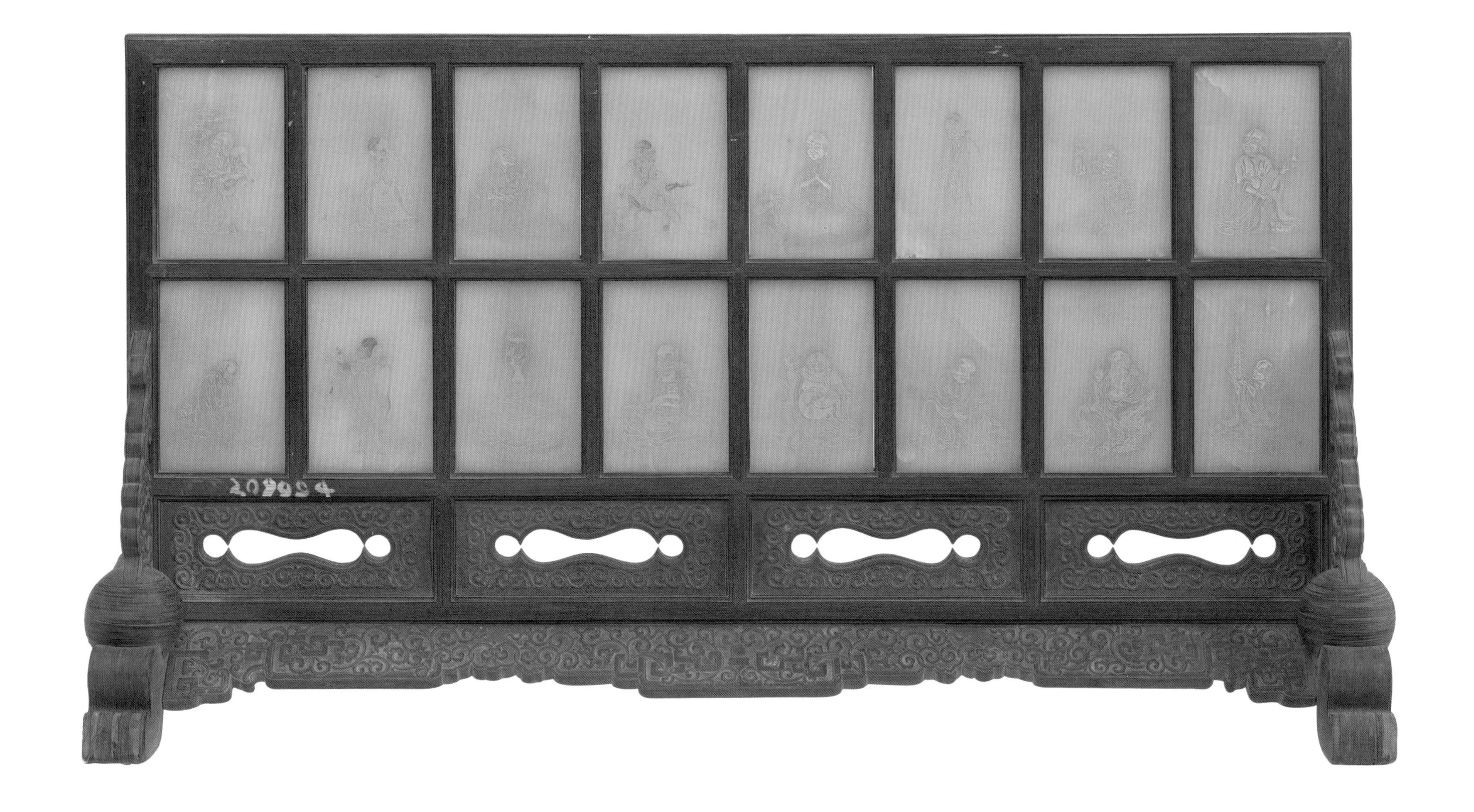

82

黑漆边座嵌玉牙佛手花鸟纹插屏

明

长23厘米　宽11厘米　高23.5厘米

插屏为木胎黑漆镶嵌玉石家具。插屏木胎，以整料雕刻成形后施以黑漆，其中一面屏心镶嵌象牙、螺钿、玛瑙、玉石雕刻的佛手、菊花、牡丹、花叶；另一面为剔红枣花锦地上雕漆花鸟图案，四周边框上皆有描金花卉纹。勾云纹底座上雕有鼓形站牙。

83

紫檀边框嵌玉博古图挂屏（一对）

清中期

宽80厘米　高123.5厘米

挂屏为紫檀木嵌玉家具。以紫檀木攒边框，枨子及立柱将屏心分隔成若干小格，格内粉色漆地，镶嵌有木雕、螺钿及有玉石雕刻而成的笔筒、古鼎、钟表、玉璧、花瓶、如意，还有抽屉、柜门等。其创意较为独特之处，还在于是以多宝格形式所表现的。

博古图是将早期的古玩，以其他材料或工艺形象成组的表现出来。诸如：绘画、雕刻、镶嵌等。这种做法在清朝中期之后尤为流行。此屏为一对，现陈设于养心殿。

84

紫檀边框嵌玉竹石图挂屏

清中期

宽67厘米　高106厘米

屏风为紫檀木嵌玉家具。紫檀木攒混面带委角边框，框内髹浅粉色漆地，镶嵌各色玉石雕刻的图案，以墨玉为山坡，白玉为山石，坡上有碧玉雕刻的竹子、花叶，孔雀石、白玉雕刻的花朵、蝴蝶纹饰。

85

紫檀边框嵌玉吉祥图挂屏

清中期

宽62.5厘米　高102厘米

屏风为紫檀木嵌玉家具。紫檀木攒混面双边框，框内糅米黄色漆地，镶嵌各色玉石雕刻的吉祥图案，玉雕花瓶坐落在紫檀木雕刻的瓶座上，瓶中以芙蓉石为腊梅花朵，染牙雕树叶，木雕树干。旁边浅盆内为佛手果实。还有散落的灵芝、花朵、果实等。

柿子与如意组合为“事事如意”，瓶与如意组合为“平安如意”，佛手与桃果组合为“福寿双全”。

86

紫檀边框嵌玉梅竹图挂屏（一对）

清中期

宽66厘米　高98厘米

屏风为紫檀木嵌玉家具。紫檀木攒软角双混面边框，框内髹浅黄色漆地，镶嵌玉、青金石等组成的梅花、竹子、山石、灵芝、坡地等图案。

竹子、梅花常借喻人的高尚品质，所以经常在图案中组合出现，并且有松、竹、梅为“岁寒三友”的称谓，在此挂屏中出现与灵芝组合的图案，则寓意“高节长寿”“长寿多福”的美好愿望。

此挂屏为一对，另一件是表达愿望一致、图案相对的一组。

87

紫檀边框嵌玉梅石图挂屏

清中期

宽76厘米　高112厘米

屏风为紫檀木嵌玉家具。紫檀木攒软角边框，并雕刻卷草锦纹，框内髹浅黄色漆地，镶嵌各色玉石、螺钿、染牙、松石、孔雀石等雕刻的图案，坡地上有梅花、山石、茶花、灵芝等。挂屏背面是一幅黑漆描金九只蝙蝠的图案。

挂屏图案中的梅花暗含五福之意，灵芝为仙草，背面的九只蝙蝠象征多福，这件寓意多福多寿的挂屏，是乾隆年间万寿节时的贡品。

88

紫檀边框嵌玉山水楼阁挂屏

清中期

宽90厘米　高146厘米

屏风为紫檀木嵌玉家具。紫檀木攒混面边框，框内髹浅黄色漆地，镶嵌各色玉石、螺钿、染牙、鸡翅木、孔雀石等雕刻的图案。画面中有用玉石雕刻的山石，鸡翅木雕刻的远山、树石，螺钿雕刻的流云、浪花，染牙雕刻的亭阁等。

89

紫檀边框嵌玉蝶鸡图挂屏（一对）

清中期

宽67.5厘米　高38.5厘米

屏风为紫檀木嵌玉石家具。以紫檀木攒边框，起双边线，中间形成凹槽，镶嵌象牙雕刻的缠枝花卉纹。四周圈口条上满镶绿松石、青金石等宝石组成的花卉图案。此挂屏为一对，一件为仙蝶图案，镶嵌染牙雕刻的乾隆《御制太常仙蝶诗》。框内髹黑色漆地。

另一件为镶嵌青玉雕刻的鸡雏待饲图案，一侧镶嵌有乾隆作御制诗文。

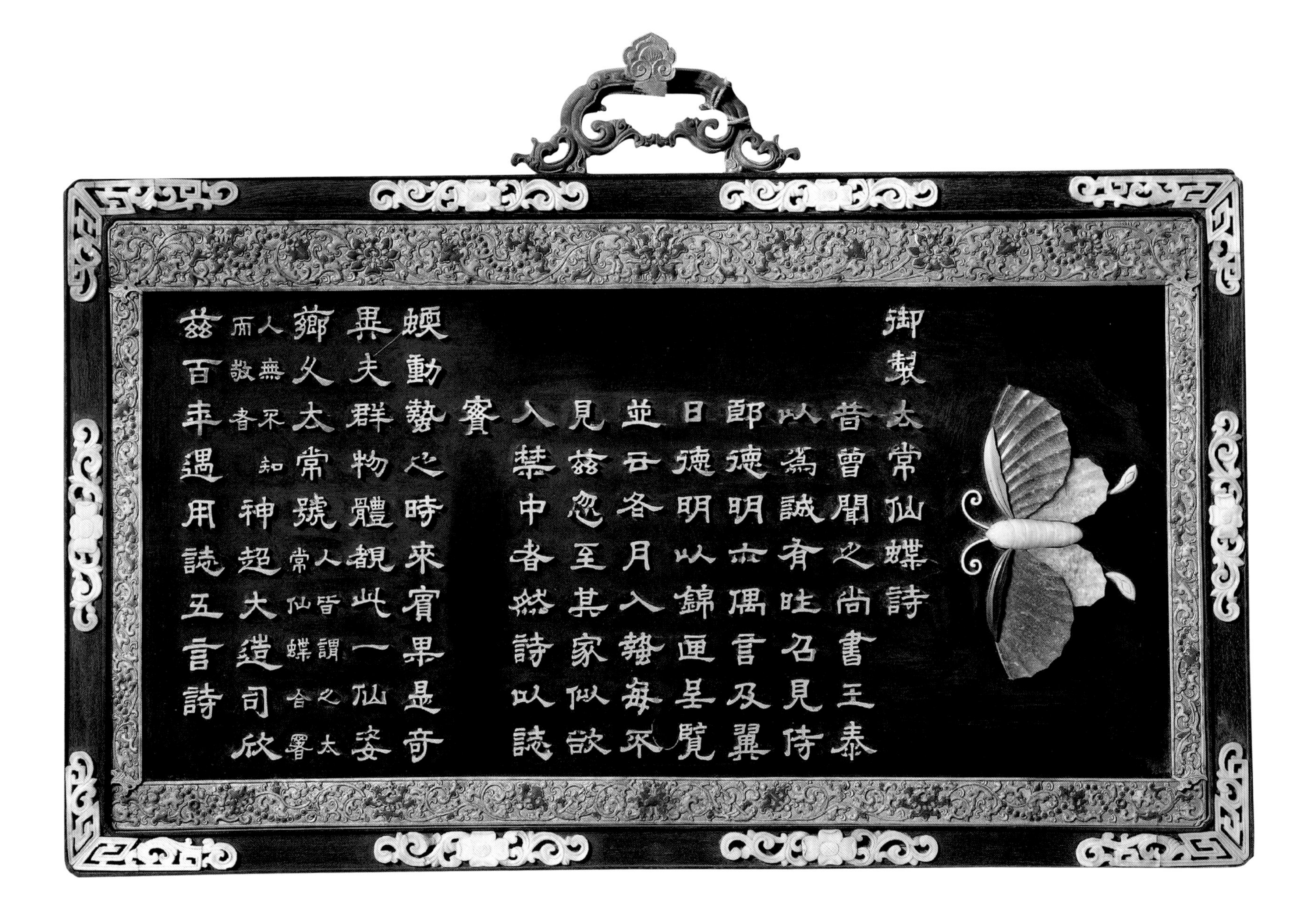

90

紫檀边框嵌玉岁朝图挂屏（一对）

清中期

宽77厘米　高114厘米

屏风为紫檀木嵌玉家具。以紫檀木攒混面软角边框，框内髹黑色漆地，青白玉及青金石雕刻花瓶果实及三镶如意等，瓶子底座为木雕。

另一挂屏是象驮瓶图案。这一对挂屏所表达的是“事事如意”“平安大吉”和“太平有象”的吉祥祝福。

嵌珐琅家具

珐琅又名“景泰蓝”，始自元代，一度失传，明景泰年间又重新兴起。其制法系以铜板制成器形，表面粘焊用铜丝或银丝掐成的各式花纹，再将各色矿物质的珐琅彩料涂在器物的丝纹里，然后以高温烧制而成。

91

紫檀嵌珐琅西洋人物罗汉床

清中期

长210厘米　宽145厘米　高103厘米

床为紫檀木镶嵌珐琅家具。紫檀木制框架。床面上三面围子呈七屏式，每屏以紫檀雕刻西洋花纹及绳节纹为框，镶嵌珐琅西洋人物图。屏框上边为紫檀雕刻西洋花纹屏帽。

床面泥鳅背式侧沿。高束腰以矮柱分界为格，每格皆镶嵌珐琅西洋花纹。鼓腿膨牙，内翻回纹马蹄足。

此床与紫檀嵌珐琅宝座、紫檀嵌珐琅香几、紫檀嵌珐琅案为成堂配套家具。

92

紫檀嵌珐琅山水楼阁宝座

清中期

长128厘米　宽90厘米　高100厘米

宝座为紫檀木镶嵌珐琅家具。座面上三面围子分成七块，后背搭脑最高，呈凸形，两侧至扶手依次递减，框内皆镶嵌掐丝珐琅山水楼阁图案。紫檀木攒边框镶板心光素面，侧沿平直。束腰上下雕刻仰覆莲花瓣。洼堂肚式牙板与方材直腿内翻马蹄上皆雕刻回纹。足下承托泥。

广式家具以用料粗硕及大面积镶嵌象牙、珐琅、玉等取胜，此件镶嵌珐琅宝座为清朝中期广州制作的。

93

紫檀嵌珐琅花卉纹宝座

清中期

长128厘米　宽104厘米　高140厘米

宝座为紫檀木镶嵌珐琅家具。座面上三面围子呈屏风式，后背分为三块，攒框镶落堂踩鼓式板心，均镶嵌团花纹掐丝珐琅片，中间高，两侧至扶手依次递减，围子上透雕龙纹帽子，也镶嵌珐琅片。座面侧沿装珐琅包角及条形珐琅片，面下束腰平直，腿牙雕刻有花卉纹，每一面还镶嵌有西洋花纹掐丝珐琅片，展腿式方形足，下承光素长方形托泥。

此宝座与紫檀嵌珐琅罗汉床、紫檀嵌珐琅脚踏、紫檀嵌珐琅香几、紫檀嵌珐琅案为成堂配套家具。广式家具以用料粗硕及大面积镶嵌象牙、珐琅、玉等取胜，此件镶嵌珐琅宝座为清朝中期广州制作的。

94

紫檀嵌珐琅花卉纹扶手椅

清中期

长64厘米　宽51.5厘米　高114厘米

椅为紫檀木镶嵌珐琅家具。座面紫檀木攒框镶板心光素面。靠背板为宝瓶式镶嵌掐丝珐琅片，搭脑正中雕刻蝙蝠口衔黄杨木雕刻磬纹，两侧及扶手透雕虬纹，座面侧沿混面，光素束腰，腿与牙板内侧起单边线并交圈，镶券口牙子。直腿内翻回纹马蹄。

95

紫漆嵌珐琅云龙纹圆杌

明

直径42.5厘米　高41厘米

圆杌为漆木镶嵌珐琅家具。座面镶嵌圆形双龙戏珠纹掐丝珐琅，混面阳线侧沿。面下束腰分出五格，装捏角长方形开光绦环板。五条腿子呈圆弧状中间鼓出，下端向内翻卷。腿子之间五个壸门式牙板。足下圆形托泥。通体紫漆地上镶嵌洒螺钿。

洒螺钿也是镶嵌技法之一，它是将蚌壳粉碎，待漆地未干之时均匀地洒在上面，微干后再进行磨光。

明朝漆木镶嵌珐琅家具已经十分难得，此圆杌为明朝家具精品。

96

黑漆嵌珐琅云龙纹圆杌

明

直径42.5厘米　高44厘米

圆杌为漆木镶嵌珐琅家具。座面镶嵌圆形双龙戏珠纹掐丝珐琅，混面阳线侧沿。面下束腰分出五格，装捏角长方形开光绦环板。五条腿子呈圆弧状中间膨出，下端向内翻卷。腿子之间五个壶门式牙板。足下圆形托泥。通体红漆地上镶嵌洒螺钿。

97

紫檀嵌珐琅莲蝠纹带瓶柱方凳

清中期

长38厘米　宽38厘米　高43厘米

方凳为紫檀木镶嵌珐琅家具。紫檀木攒框凳面饰黑漆描金蝙蝠勾莲团花纹，四周饰描金螭纹，边缘雕刻回纹锦，四角嵌珐琅片，下承嵌珐琅瓶式柱。牙条雕刻蟠螭纹，与凳腿上皆镶嵌铜胎珐琅螭纹。内翻回纹足，下承带龟脚四方托泥。

这件方凳与紫檀嵌珐琅长桌、紫檀嵌珐琅琴桌、紫檀嵌珐琅炕几等为成堂配套家具。镶嵌珐琅工艺主要是京作和广作制品中常见的做法。二者既有相同之处，也有差异之处。像这件中规中矩的紫檀嵌珐琅方凳，是乾隆时期宫廷造办处制作的家具珍品。现陈设于西六宫养心殿。

98

紫檀嵌珐琅花卉纹方凳

清中期

直径49.5厘米　高52厘米

紫檀木镶嵌珐琅家具，以紫檀木攒边框，镶嵌西洋花纹珐琅座面，面下高束腰，镶嵌画珐琅片，束腰上下加托腮。洼堂肚式牙板与腿子上雕刻勾云纹及西洋花叶纹。直腿内翻足。

99

紫檀嵌珐琅花卉纹绣墩

清中期

直径28厘米　高52厘米

绣墩为紫檀木镶嵌珐琅家具。绣墩呈鼓形，也称作"鼓墩"。上下两端的外侧面沿皆饰有鼓钉纹及玄纹。座面及腔壁上皆镶嵌西洋花纹掐丝珐琅片。

绣墩之名在清朝档案中屡见，它是对坐具所用，皆为绣垫而言。明朝的绣墩比较粗硕，清朝的绣墩则向修长发展。

此绣墩与紫檀嵌珐琅罗汉床、紫檀嵌珐琅宝座、紫檀嵌珐琅香几、紫檀嵌珐琅案为成堂配套家具。

100

紫檀嵌珐琅花卉纹琴桌

清中期

长118厘米　宽37厘米　高84.5厘米

琴桌为紫檀木镶嵌珐琅家具。紫檀木攒框凳面饰黑漆描金蝙蝠勾莲团花纹，四周饰描金螭纹，边缘雕刻回纹锦，四角嵌珐琅片，下承嵌珐琅瓶式柱。牙条雕刻蟠螭纹，与凳腿上皆镶嵌铜胎珐琅螭纹。内翻回纹足。

这件琴桌与紫檀嵌珐琅长桌、紫檀嵌珐琅方凳、紫檀嵌珐琅炕几等为成堂配套家具。

101

紫檀嵌珐琅花卉纹长桌

清中期

长144厘米　宽41.5厘米　高88厘米

长桌为紫檀木镶嵌珐琅家具。桌面为紫檀木攒边框镶嵌珐琅板心，侧沿光素平直。面下高束腰，前后五开光镶嵌花卉纹珐琅板，侧面各镶嵌一块珐琅板。四腿内侧起阳线与牙板交圈。腿间雕花牙子，与腿子夹角处均安装珐琅角牙。直腿内翻回纹马蹄。此桌现陈设在西六宫。

102

紫檀嵌珐琅寿字炕几

清中期

长99.5厘米　宽37.5厘米　高35厘米

炕几为紫檀木镶嵌珐琅家具。几以紫檀木为框架。四角攒边框镶板心几面。四腿与几面大边、抹头为粽角榫相交，为四面平式做法。直腿内翻马蹄。腿间为绳纹拱璧式牙子，中间三个完整拱璧，两侧为半圆形。在拱璧上均嵌有珐琅片。

炕几与炕桌有所不同。首先是进深较炕桌要小，通常在30厘米左右，而小炕桌一般在50厘米左右；第二是所摆放的位置不同。虽然都是在炕上使用，但炕桌都是居中使用，所以大多是单件。而炕几大多成对摆放在炕的两端；第三是功能不同。古代以炕为起居中心的时候，炕桌的作用很多。用餐、读书、写字、招待宾客等等。炕几的作用一般是摆放古玩、书籍等。

103

紫檀嵌珐琅螭纹炕儿

清中期

长87厘米　宽34厘米　高34.5厘米

炕儿为紫檀木镶嵌珐琅家具。紫檀木攒框凳面饰黑漆描金蝙蝠勾莲团花纹，四周饰描金螭纹，边缘雕刻回纹锦，四角嵌珐琅片，下承嵌珐琅瓶式柱。牙条雕刻蟠螭纹，与凳腿上皆镶嵌铜胎珐琅螭纹。内翻回纹足。

这件炕儿与紫檀嵌珐琅长桌、紫檀嵌珐琅琴桌、紫檀嵌珐琅方凳等为成堂配套家具。

104

紫檀嵌珐琅花卉纹脚踏

清中期

长76厘米　宽30厘米　高18厘米

脚踏为紫檀嵌珐琅家具。以紫檀木做四角攒边框，内侧裁口镶卍字锦地花卉珐琅板心。侧面水盘沿下带束腰，洼堂肚式牙板与腿子上皆饰回纹，内翻马蹄下有托泥。此脚踏与紫檀嵌珐琅宝座为配套家具。

105

金漆嵌珐琅龙纹香几

明

直径38.5厘米　高88厘米

香几为木胎金漆镶嵌珐琅家具。花叶形面上镶嵌珐琅，四周起拦水线。面下带束腰，分五格装捏角扁圆开光绦环板。三弯腿中间带飞翅，下端向外翻卷草纹足，并脚踩圆珠。底座为五瓣花叶形，中间带束腰，与上面相呼应。

香几是宫廷家具中常见的一种器物，有与围屏、宝座、宫扇等一堂使用的典制类香几，也有用于摆放古玩的作用。但是大多都是成对使用。这件金漆嵌珐琅面香几是典制类家具，它和宝座、屏风等同堂使用，是明朝后期制作的。

106

紫檀嵌珐琅蝠寿纹香几

清中期

长44厘米　宽44厘米　高98厘米

香几为紫檀木镶嵌珐琅家具。以紫檀木攒边框镶板心光素几面。

面下带束腰饰绳纹，托腮雕刻莲花瓣，腿子上部及牙板均雕刻团寿字。在券形花牙上镶嵌画珐琅五福捧寿。从纹饰上看，这是乾隆时期万寿节日的贡品。

香几是宫廷家具中常见的一种器物，有与围屏、宝座、宫扇等一堂使用的典制类香几，也有用于摆放古玩的作用。但是大多都是成对使用。这件香几是清朝中期制作的，现陈设于西六宫。

107

紫檀嵌珐琅云龙纹多宝格

清中期

长96厘米　宽41.5厘米　高184.5厘米

多宝格为紫檀木镶嵌珐琅家具。柜格以紫檀木制框架，齐头立方式。上部多宝格开五孔，正面及两侧透空，每孔上部镶拐子番莲纹珐琅券口牙子，侧面下口装矮栏。格背板里侧镶玻璃镜。格下平设抽屉两具，抽屉脸镶铜制镂空缠枝莲纹。两侧面为嵌珐琅云蝠纹绦环板。抽屉下两门对开，镶嵌铜制錾云龙纹面叶、合页及拉手。板心嵌画珐琅云龙纹门。柜下有嵌珐琅缠枝莲纹牙条。

家具中镶嵌珐琅是广作家具的一大特点，尤其是将画珐琅、掐丝珐琅、錾胎珐琅等材质及多种工艺集于一体，更是世间所罕见，所以此格堪称乾隆时期家具精品。

108

紫檀边座嵌珐琅四友图座屏

清中期

长300厘米　宽22厘米　高290厘米

座屏为紫檀木镶嵌珐琅家具。紫檀木为边框，共三扇，每扇分为三格，上下格分别镶嵌掐丝珐琅楣板、裙板。中格以錾胎及掐丝工艺结合，制成珐琅梅、兰、竹、菊“四友图”。扇两边分别有珐琅镂空夔龙纹站牙。八字须弥式屏座，中间束腰浮雕卷草纹，上下雕刻仰覆莲花瓣。

109

紫檀边座嵌珐琅五岳图座屏

清中期

长340厘米　宽50厘米　高260厘米

座屏为紫檀木镶嵌珐琅家具。屏扇用紫檀木做混面起单边线攒框，共有五扇，框内镶嵌硕大的珐琅山形图案，画面左上方标有“嵩山、衡山、泰山、华山、恒山”字样，五扇组合成“五岳图”。屏扇下方裙板上为“五福捧寿”图案，嵌件已缺佚。底座为八字形须弥座。

座屏系清中期制作的镶嵌珐琅的大型家具。

110

紫檀边座嵌珐琅云蝠纹座屏

清中期

长360厘米　宽60厘米　高310厘米

座屏为紫檀木镶嵌珐琅家具。屏风五扇组合。紫檀木光素边框。框内镶蝙蝠纹珐琅片，名为“鸿福齐天”。屏扇顶上紫檀雕夔龙纹毗卢帽。两边透雕拐子纹站牙。屏扇坐落在须弥座上。须弥座为八字形，分为三段。座面有屏腿孔。面下带束腰。上下雕刻仰覆莲花瓣。座下有龟脚。

111

紫檀嵌珐琅五伦图座屏

清中期

长384厘米　宽31厘米　高297厘米

座屏为紫檀木镶嵌珐琅家具。屏风五扇组合。紫檀木光素边框。框内镶珐琅“五伦图”。屏扇顶上紫檀透雕云蝠纹帽。两边透雕云蝠纹站牙。屏扇坐落在须弥座上。须弥座为八字形，分为三段。座面有屏腿孔。面下带束腰。上下雕刻仰覆莲花瓣。座下有龟脚。

112

紫檀边框嵌珐琅十二月花卉围屏

清中期

通长468厘米　高168厘米

围屏为紫檀木镶嵌珐琅家具。共十二扇，紫檀木为边框。上节装楣板雕刻，下边装裙板雕刻，裙板上方装饰绦环板，每扇框内分别镶嵌掐丝珐琅十二月花卉，首尾两扇结构相同，方向相反装饰余塞板。

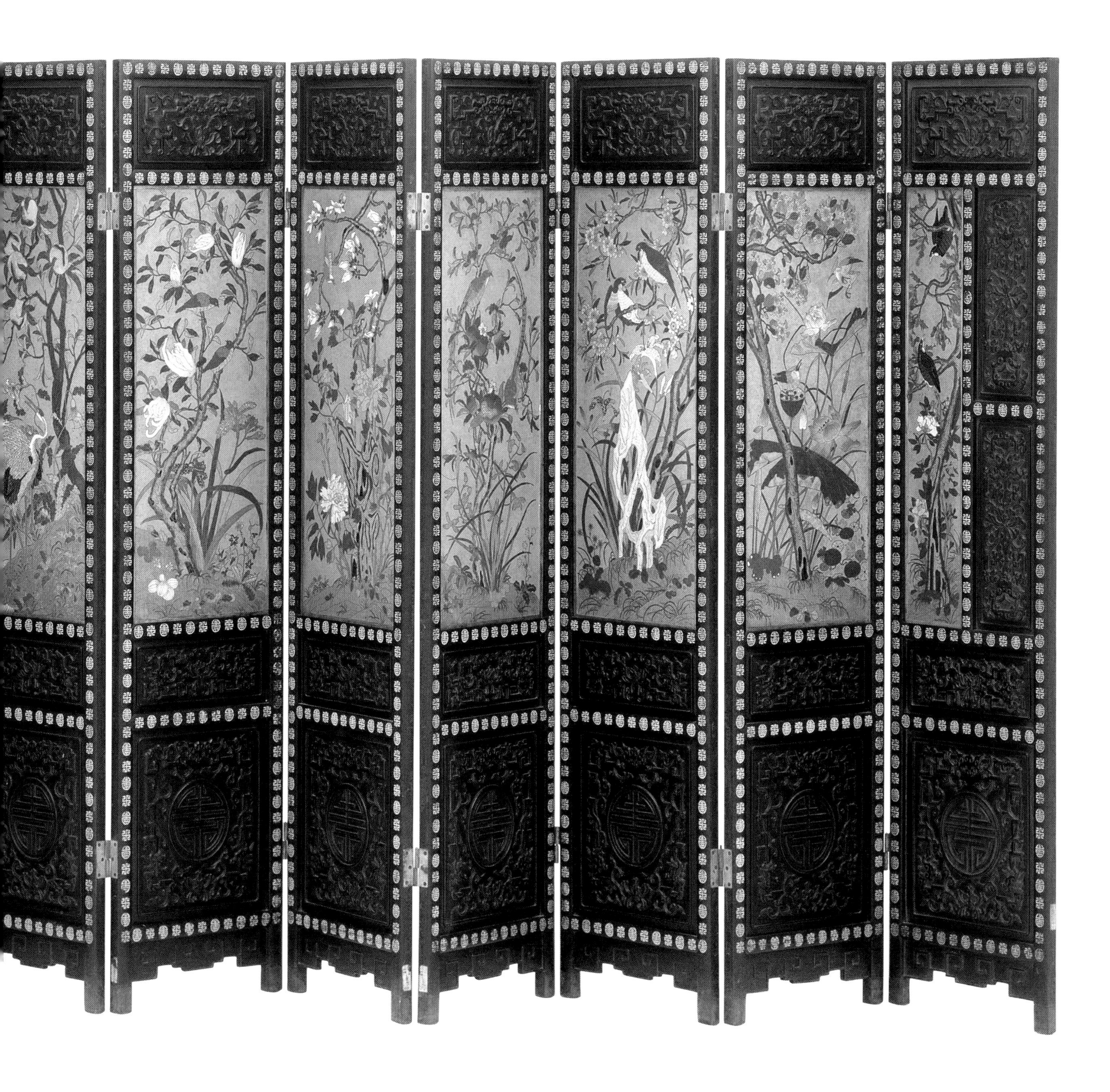

113

紫檀边座嵌画珐琅鹤寿图插屏

清中期

长114厘米　宽32高厘米　高113厘米

插屏为紫檀木镶嵌珐琅家具。插屏以紫檀木做混面单边线边框，框内镶嵌画珐琅屏心。画面描绘山石旁边一株桃树上结出成熟的桃子，树旁衬以绿竹、灵芝，两只仙鹤立于山石之上。屏扇下有屏座托住，并有两屏柱相夹。屏柱上端饰回纹，柱身前后有站牙相抵，既起到装饰效果，又增强其稳定性。屏柱间有双枨相连，其间镶绦环板，在绦线内雕刻缠枝莲纹。曲边披水牙板浮雕西洋花纹，屏下为须弥式座。

114
紫檀边座嵌珐琅山菊图插屏

清中期

长60厘米　宽24厘米　高67厘米

插屏为紫檀木镶嵌珐琅家具。紫檀木攒打洼边框，边框内侧打槽镶嵌掐丝珐琅屏心。画面表现的是山石上有数株野菊、蒲公英等花卉，花朵正含苞怒放。旁边伴有一株灵芝仙草。

屏柱雕刻回纹柱头，前后有站牙相抵，柱间有双枨相连，其间装落堂踩鼓板心，勾云纹洼堂肚式劈水牙，屏下为卷云纹座墩。

115

紫檀边座嵌珐琅山村农庆图插屏

清中期

长50厘米　宽13厘米　高58厘米

插屏为紫檀木镶嵌珐琅家具。紫檀木边框起双边线，凹槽内雕刻缠枝花卉纹，边框内侧打槽镶嵌掐丝珐琅屏心。画面展现了蓝天白云下边的远山、近水、农田、民宅的山村农庆图。

屏柱雕刻卷云纹柱头，前后有站牙相抵，柱间有双枨相连，其间装光素板心，下承卷舒足。

116

紫檀边框嵌画珐琅花鸟纹挂屏

（一对）

清中期

宽66厘米　高129厘米

挂屏为紫檀木镶嵌珐琅家具。紫檀木攒曲边雕花边框，边框内侧打槽镶嵌画珐琅屏心。画面以蓝天为背景，近景为坡地上竖立山石，一株碧桃斜倚而出，花朵或红黄色或粉红色，衬以绿色树叶，鲜艳夺目。蝴蝶在空中摆弄舞姿，一只小鸟在枝干上远眺，似传递着信息，引来另一只小鸟从远处飞来，欲于枝干上小憩，小溪涓涓流水从两坡间穿过。

此挂屏为一对，另一挂屏与之图案相近，嵌有树木、山石、花鸟等纹饰。

117

紫檀边框嵌珐琅农家乐挂屏（一对）

清中期

宽74厘米　高120厘米

挂屏为紫檀木镶嵌珐琅家具。紫檀木攒混面边框。框内上方露出铜胎黄色地，镌刻有乾隆皇帝御制诗。下方山水相依，连绵不绝，山间有村庄、茅舍，人们忙于农活。

挂屏为一对，另一挂屏与之图案相近，描绘农家收割打场的景色。这对挂屏是乾隆年间大学士于敏中进献的。

義經象茹章堯典若明揚
繼此風人詠思伊魏國章
丁丁時非遠坎坎韻猶長力
食勵無忝素餐愧不遑嘉
茲伐檀苦綣波寘河傍豫
育菁莪盛勤搜仄陋藏野
無遺薖軸朝有慶明良咨
爾搢紳者其何貴典常
御製賦得野無伐檀得揚字
八韻
臣于敏中敬書

118
紫檀边框嵌珐琅山水挂屏

清中期

宽73厘米　高124厘米

挂屏为紫檀木镶嵌珐琅家具。挂屏系紫檀木边框镶嵌掐丝珐琅屏心。混面双边线紫檀屏框，画面蓝色而晴朗的天空不露一丝云彩，山山水水相互环绕，山上古树郁郁葱葱，一座庙宇屹立其中。水中浪花飞溅，石洞门小桥浮现水面之上。屏心左上角有乾隆皇帝御制五言诗。四边露出铜胎黄色边缘。

挂屏为一对，另一挂屏与之图案相近，绘有山水图案。

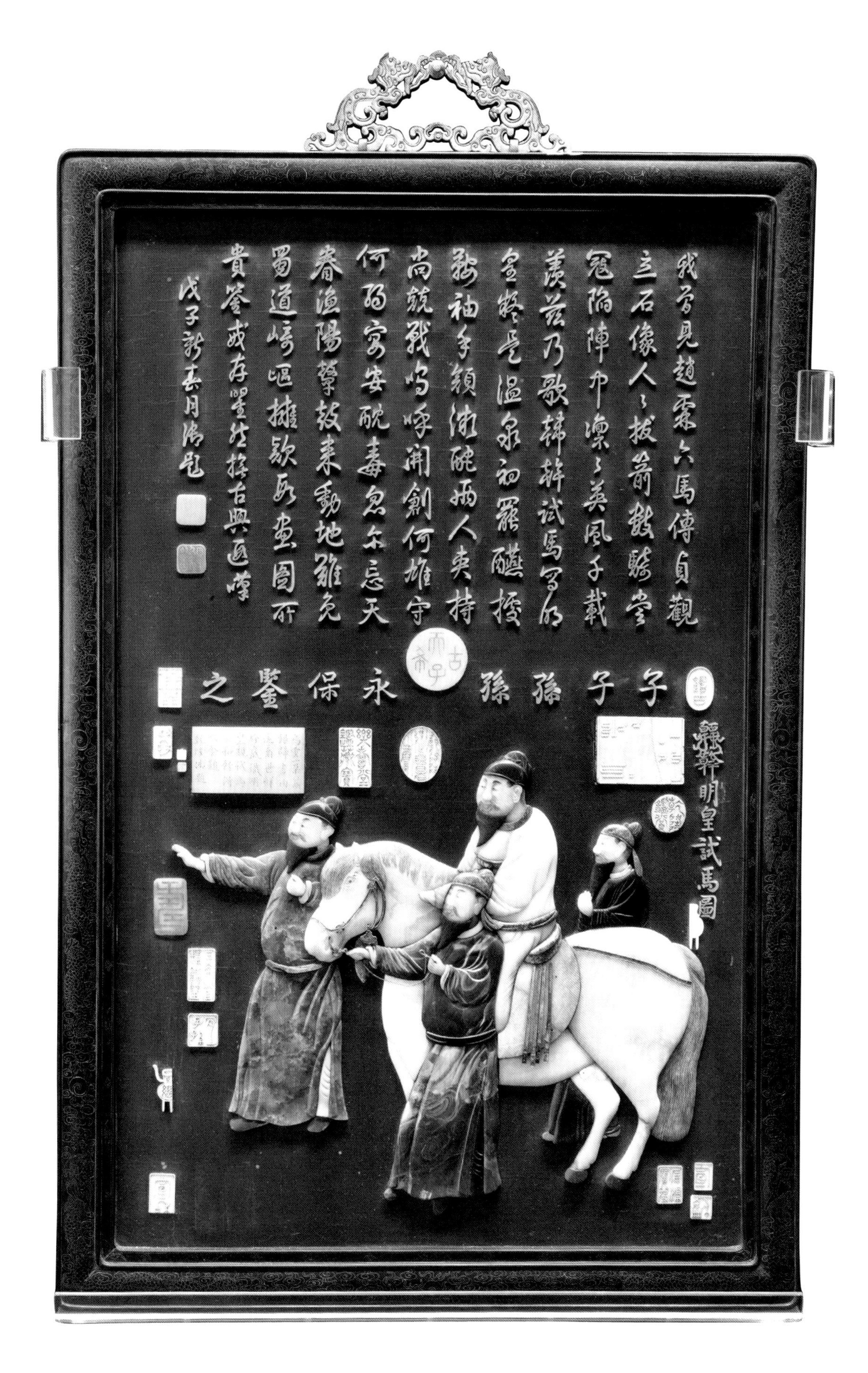

119

紫檀边框嵌玉明皇试马图挂屏

清中期

宽56厘米　高84厘米

挂屏为紫檀木镶嵌玉石家具。以紫檀木攒边框，镶嵌铜丝制成的云龙纹，两边其线，边框内侧打槽装板心，板心上以青金石粉为地，镶嵌玉石雕刻的“韩幹明皇试马图”。上方有乾隆皇帝题字，落款为“戊子新春月御题”，并有“古稀天子”“乾隆宸翰”“乾隆御览之宝”“乾隆鉴赏”等钤印二十余方。

从乾隆皇帝的题字内容以及加盖如此之多的印文来看，乾隆皇帝对“明皇试马图”备加赏识，他要告戒后人不忘骑射武功。

120

紫檀边框嵌珐琅山水人物挂屏

清中期

宽40.5厘米　高72厘米

挂屏为紫檀木镶嵌珐琅家具。紫檀木攒混面双边线边框。框内上方露出铜胎黄色地子，上有镌刻的乾隆皇帝御制诗。

嵌瓷板家具

瓷板即以各种工艺手法制作的彩瓷，明清时常用于镶桌面、凳面、柜门及插屏、挂屏、围屏的屏心。有青花、粉彩、五彩、刻瓷等不同品种。瓷板上彩绘有各种山水风景、树石花卉、人物故事等图案。

121

黑漆嵌瓷山水风景罗汉床

清早期

长212厘米　宽112厘米　高75厘米

床为漆木嵌瓷家具。床上三面围子，分别镶嵌青花瓷板，后背嵌四块，两侧各两块，合为八块。侧面围子瓷板画可两面观赏，总共描绘出十处山水相连的秀丽景色。床面外侧边沿嵌瓷四块，为四季花卉图案。腿上嵌云凤纹瓷板两块。

嵌瓷家具在清朝家具中较为普遍，但多在挂屏、插屏、椅座等小型器物上出现，只有到清朝末期或民国时期的大型器物中才较为常见。这件嵌瓷罗汉床是清朝早期江西制作的，所嵌瓷板是专为大床烧制的，因此弥足珍贵。

122

乌木漆心嵌瓷花卉纹罗汉床

清中期

长250厘米　宽130厘米　高86厘米

床为乌木嵌瓷家具。乌木制框架，床上三面围子呈九屏式，皆以乌木做双混面边框，框内镶嵌粉彩花卉瓷片。床面乌木攒框镶板髹黑漆面，通体光素。泥鳅背边沿下带打洼束腰。鼓腿膨牙内翻马蹄，牙板为洼堂肚式。

123

紫檀桦木心嵌瓷宝座

清中期

长92厘米　宽67厘米　高108厘米

宝座为紫檀木嵌瓷家具。三面围子，靠背搭脑高高凸出，至顶部向后微微翻卷，紫檀边框内镶桦木瘿子板心。围子上共镶有九块花纹瓷片，搭脑上为条形状，其余皆为纵向长方形或正方形。座面用紫檀木攒边框，内镶硬板板心。高束腰下鼓腿膨牙，内翻卷鼻式足。足下托泥带束腰。从座面到托泥，中间部分皆凹进。

124
紫檀嵌粉彩瓷四季花鸟席心椅

清中期

长55.5厘米　宽44.5厘米　高88.5厘米

椅为紫檀木嵌瓷家具。紫檀木制框架，七屏式围子，以紫檀木为边框，内镶桦木瘿子板心。搭脑高高隆起，向后翻卷成卷书式，两肩至扶手逐级递减。搭脑、靠背及扶手上皆嵌有寓意吉祥的粉彩四季花鸟图案的瓷片。紫檀边框镶席心座面，侧面冰盘沿。瘿木束腰上下加装托腮。牙条中间浮雕回纹洼堂肚。直腿内翻回纹马蹄。腿间安四面平管脚枨。

这件嵌粉彩瓷片椅是清朝中期江西制作的，所嵌瓷片是专为此椅制作的。

125

紫檀嵌瓷梅花纹扶手椅

清中期

长57厘米　宽46厘米　高94厘米

椅为紫檀木嵌瓷家具。紫檀木制框架，通体光素。搭脑与座面有两根立柱连接为框，镶嵌有上宽下窄的梅花纹瓷板，搭脑两端为烟袋锅式结构。搭脑、扶手具用带有弧度的圆形材料，连帮棍改用玉璧卡子花式。座面四边攒框镶板心，侧面混面边沿。面下圆腿、圆枨及用圆形短料攒接的牙子。腿子下端有劈料并裹腿做管脚枨，并附着罗锅枨式牙子。

此椅的特点是多用圆形材料，尽量使椅子不出硬角。这正是明式家具追求的标准之一。

126

楠木嵌瓷面圆杌

清中期

直径41厘米　高49厘米

圆杌为楠木嵌瓷家具。以楠木攒边框镶瓷板心杌面，瓷面以青花为圆心，套白瓷外圆图案。侧面混面边沿，面下带束腰。四弧形腿子之间饰壶门牙板，足下为圆形托泥。

圆形的垂足坐具由来已久。唐朝时称之为“荃台”，明清时也称为“绣墩”。绣墩之名在清朝档案中屡见。它是对坐具所用皆为绣垫而言。明朝的绣墩比较粗硕，清朝的绣墩向修长发展。

127

酸枝木嵌瓷面半圆桌

清中期

直径90厘米　高85厘米

桌为酸枝木嵌瓷板家具。桌面用酸枝木攒成直边与弧形边框，其中镶嵌半圆形瓷板。冰盘沿下带束腰，镶板皆为弧形，并带扁圆形开光。牙板及腿子上雕刻勾云纹。腿子之间有弧形枨子，内装短料攒接的冰裂纹底盘。

酸枝木是乾隆后期在宫中大量使用的家具材料。当时黄花黎、紫檀等材料，已呈枯竭之势。宫中遂以酸枝木替代。此桌正是制作于乾隆后期。现陈设在西六宫养心殿后殿。

128

紫檀嵌瓷炕几

清中期

长64厘米　宽28厘米　高28.5厘米

炕几为紫檀木嵌瓷家具。紫檀木制框架，四面平式。攒边镶板心几面，腿与几面边框以粽角榫相交，边框嵌瓷片。腿间装横枨。大边枨上立四矮佬，侧面装两个矮佬。直腿内翻马蹄足。腿上雕有纹饰。

此几为桌形结构，由于在炕的两边成对使用，通常称为几。炕几与炕桌有所不同。首先是进深较炕桌要小，通常在30厘米左右，而小炕桌一般在50厘米左右；第二是所摆放的位置不同，虽然都是在炕上使用，但炕桌都是居中使用，所以大多是单件。而炕几大多成对摆放在炕的两端；第三是功能不同，古代以炕为起居中心的时候，炕桌的作用很多，用餐、读书写字、招待宾客等。炕几的作用一般是摆放古玩、书籍等。

129

紫檀嵌瓷双环炕儿

清中期

长109厘米　宽37.5厘米　高33厘米

炕儿为紫檀木嵌瓷家具。以紫檀木攒边框镶板心，光素儿面，混面侧沿下带打洼束腰。腿、牙做混面单边线且交圈。攒玉璧加罗锅枨、枨子与面沿之间镶双套环瓷制卡子花。直腿内翻马蹄足。此炕儿现陈设在西六宫。

130

楠木嵌瓷盆炕桌

清晚期

长80厘米　宽41.5厘米　高27厘米

炕桌为楠木嵌瓷家具。桌面用楠木攒边框镶板心，在大边一侧中部嵌入一个绿色瓷盆。光素侧沿下带平直光素束腰。牙板下双矮佬连接罗锅枨，方材直腿下端雕刻回纹足。

此炕桌为故宫藏品中仅有的一件。清朝宫廷画家丁观鹏绘《宫廷话宠妃》中，曾见有在炕桌上摆放瓷质花盆供人赏花的画面。将花盆嵌入炕桌之中，同样可以起到供人欣赏的作用。此桌为清朝晚期的作品。

131

紫檀嵌瓷山水风景多宝格

清中期

长65厘米　宽31厘米　高137.5厘米

多宝格为紫檀木嵌瓷家具。紫檀木制框架，上节以攒斗式分为三格，边框上雕刻花纹，每格装饰有透雕花纹的券口牙子。柜格中部装对开两门，以紫檀木做边框，框上装饰铜制合叶、面叶及拉手，框内侧打槽镶青花山水风景瓷板。下节为暗仓，前脸以立柱分出两格，各镶嵌有青花双螭纹瓷板，四周有雕花圈口。底枨下有雕花洼堂肚式牙板，直腿下端装饰铜套足。

暗仓常用于储藏贵重物品，是古代家具中常见的一种结构。柜、闷户橱中多用，常常在柜门下方设有翻盖。

132

紫檀嵌瓷花鸟纹立柜

清中期

长42.5厘米　宽21厘米　高87.5厘米

立柜为紫檀木嵌瓷家具。主体为紫檀木制作。小柜系仿顶竖柜款式，看似两节叠落，实为独立的一木连做立柜。柜上部两层枨子为劈料做，同时在腿子上起横线与之交圈。正面分三层，对开六扇门，框内嵌堆塑加彩瓷片，分别为“茶花绶带”“春桃八哥”“牡丹凤凰”“玫瑰公鸡”等花鸟图案，寓意“官运通达”“丹凤朝阳”“功名富贵”等。回纹边框嵌铜镀金合页及面叶，门下垂两块牙子，镶花卉纹瓷片。两侧山板上分四层镶板心，雕刻“五福捧寿”和以蝙蝠、钱、盘长结组成的“福泉绵长”图案。柜四腿安铜制套足。

133

紫檀边座嵌瓷双松飞瀑插屏

清中期

长28厘米　宽12厘米　高24厘米

插屏为紫檀木嵌瓷家具。紫檀木制混面边框。框内镶嵌青花“双松飞瀑图”。屏扇下有屏座托住，并有两屏柱相夹。屏柱上端饰回纹，柱身前后有站牙相抵，既起到装饰效果，又增强其稳定性。屏柱间有双枨相连，其间镶绦环板，在绦线内雕刻夔龙纹及饕餮纹。壶门式曲边披水牙板上，雕夔龙纹及流云纹。下承卷舒足。

青花瓷上的图案系依照明唐寅所绘“双松飞瀑图”而造。屏风背面雕刻有乾隆皇帝的御制题诗。

袖手坐盤陀
冥機俯湍瀨
靜聽與澄觀
妙達心神泰
淙音一何長
源在白雲外
御製題唐寅雙松飛瀑
臣錢維城敬書

134

紫檀木边座嵌瓷绿釉会昌九老图插屏

清中期

长32厘米　宽16厘米　高53厘米

插屏为紫檀木嵌瓷家具。边座用紫檀木制作，两屏柱之间安装平行双横枨，内镶板心。下面为劈水牙子，横枨上面安装瓷绿釉刻山水仙人图瓷板。屏柱前后均有站牙相抵。站牙用紫檀板材锼成宝瓶式。下面为几式座墩。

瓷板画面是以"会昌九老图"为蓝本，刻画九位鹤发童颜的老者，汇聚在洛阳香山的情景。乾隆皇帝对此图备加欣赏。宫中曾多次制作以此为题材的古玩器物。

嵌木雕家具

嵌木雕家具主要体现在屏风类家具上。多为木框镶心，然后在屏心中以各种木质雕刻成各式山石树木、花卉翎毛、人物故事等嵌件，或用胶粘，或用钉钉，固定在屏心的木板上。这种作品如果是用众多木雕块堆起的屏心，边缘镶有木框的称为“镶嵌”。如果是一块整板浮雕的板心，外镶木框，则单称为“镶”。

135

紫檀嵌黄杨木山水人物席心罗汉床

清中期

长192厘米　宽108厘米　高112厘米

罗汉床框架为紫檀木质地。七屏风式围子以紫檀木为边框，画面内镶黄杨木雕的山水风景农耕渔樵等。后围搭脑凸出，两侧至前逐级递减。床围与床面大边用走马销榫连接。床面攒紫檀木框镶席心床屉。面下带束腰。牙条雕玉宝珠纹及回纹。腿牙边缘起阳线。内翻卷云纹马蹄，下承长方形带龟脚托泥。此床为乾隆年间制品。

136

紫檀嵌黄杨木花卉纹宝座

清中期

长96厘米　宽82厘米　高110厘米

宝座为紫檀木嵌黄杨木家具。紫檀木制框架，光素座面。围子上沿造型凸凹有致，顶端以西洋螺壳纹饰搭脑，两侧雕刻相对的夔龙纹。围子两侧及后背板镶嵌黄杨木雕卷草纹及螺壳纹。座面下的束腰上雕有梭子纹。牙子浮雕西洋花纹并膨出圆弧，下沿为曲齿。三弯腿外翻卷草纹足，足下托泥与座面随形。

宝座上的西洋纹饰为典型的巴洛克风格。这种风格为梵蒂冈彼得大教堂富有权威象征的图案，一经出现就被法国、德国、西班牙、英国等帝国的宫廷中所应用，而进入文化差异巨大的东方大国，则是颇费周折的。在这件家具上体现了东西方艺术风格的完美融合，也体现了代表西方权威的图案与代表东方权威的图案的完美融合。

137

紫檀嵌黄杨木龙凤纹靠背椅

清中期

长58厘米　宽47厘米　高99厘米

椅为紫檀镶嵌黄杨木家具，五屏式靠背、扶手，以紫檀木做边框，镶嵌黄杨木板心，靠背中心一块向上凸起，上沿向后翻卷呈卷书式搭脑。框内为黄杨木雕云龙纹，两侧框内是黄杨木雕云凤纹。紫檀木光素座面，侧沿、束腰平直，洼堂肚式牙板雕刻拐子纹，腿子与牙板夹角处有黄杨木雕凤纹托角牙，直腿回纹足，腿间步步高赶枨。

138

紫檀嵌桦木凤纹藤心椅

清中期

长55厘米　宽44.5厘米　高92厘米

椅为紫檀木嵌桦木家具。三屏式围子，凸起的搭脑上浮雕回纹，上沿向后翻卷。靠背及扶手皆以紫檀木为框，与座面有走马销榫连接，可以拆装。框内镶桦木板心。板心中央有紫檀木雕回纹及拐子纹，正中雕凤纹。座面攒框镶席心。面下束腰平直，下有托腮。牙条正中垂洼堂肚，浮雕回纹。腿、枨、牙板内侧起阳线，相互交圈。腿子之间有四面平管脚枨，云头纹四足。

此款式流行于雍正至乾隆时期。为清式家具的珍品。

139

紫檀嵌桦木竹节扶手椅

清中期

长64厘米　宽49.5厘米　高107厘米

椅为紫檀木嵌桦木家具。紫檀木制框架，靠背及扶手边框上雕刻竹节，外部轮廓为如意云纹，内侧兼有回纹。框内镶桦木心。四角攒边框镶板心，光素座面。面沿、束腰、腿、牙以及四面平底枨皆雕刻竹节纹。腿、牙内侧有竹节纹券口。

140

紫檀嵌桦木五岳真行图扶手椅

清中期

长64.5厘米　宽50厘米　高110.5厘米

椅为紫檀木嵌桦木家具。紫檀木制框架，内镶桦木板心，后背三块，扶手为两面镶。图案为“五岳真行图”。座面上靠背、扶手呈屏风式，中间搭脑高高隆起，雕如意纹，两肩及扶手渐低，皆以紫檀木为边框，座面光素攒框镶板，平直面沿，光素束腰。高拱罗锅枨紧抵牙板。方腿直足，腿间四面平管脚枨，下面为券口牙子。

141

紫檀嵌黄杨木双螭纹扶手椅

清中期

长66厘米　宽51厘米　高108厘米

椅为紫檀木镶嵌黄杨木家具。宝瓶式靠背板镶嵌黄杨木，上雕蝙蝠纹及双螭纹。两侧内角饰角牙。曲形搭脑上浮雕云纹。座面为四角攒边框镶板心。混面面沿下带束腰，加装上下托腮。牙条上透雕拐子纹，方腿内侧起单边线，与牙板及管脚枨线脚交圈。四面平式管脚枨下装洼堂肚式牙子。

142

紫檀木嵌楠木心长方杌

清早期

长53厘米宽31.5厘米高41.5厘米

杌为紫檀嵌楠木家具。座面四角攒边框镶楠木板心，侧面冰盘沿。面下四圆腿之间安装罗锅枨，大面有两对矮佬连接枨与座面。侧面较窄，只用单根矮佬。四腿微带侧脚，并装有管脚枨。

座面所镶为金丝楠木。金丝楠木在明朝多用作建筑材料。进入清朝以后，康熙皇帝认为在南方开采楠木消耗人力、物力过大。为节俭开支遂改用兴安岭松木。由此，楠木愈发的彰显珍贵。从而使它渐渐的用作于家具材料上。此杌为清早期的作品，带有明显的明式家具特点。

143

紫檀嵌桦木心方桌

明

长92.5厘米　宽92.5厘米　高85.5厘米

方桌为紫檀木嵌桦木家具。通体为紫檀木质地。桌面由宽大的边框攒接，内侧打槽镶装桦树瘿木板心，外侧平直边沿。面下带束腰，每面中部均设暗抽屉一具，抽屉脸上无拉手，用时须伸手从桌里开启。直牙条下有罗锅枨加矮佬攒框式的牙子。方腿直下内翻马蹄足。腿、枨等部件均为打洼做。

此桌俗称"喷面式"桌，即桌面探出桌身。它适于棋牌等娱乐活动使用，四面的抽屉为放筹码用。专用的棋牌桌在宋、元时期已经出现。它做工精细，样式独特，是明末清初时期的家具精品。

144

乌木嵌黄花黎心两镶小桌

清早期

长111厘米　宽27.5厘米　高82厘米

桌为黄花黎木嵌乌木家具。面板以乌木攒框，镶嵌黄花黎木板心，面下牙条及腿皆用黄花黎木制作。牙条及牙头皆为素面。腿子及腿间横枨四面打洼，而在四角处做成混面。混面与打洼之间又做出皮条线。腿子的侧角收分非常明显，正面及侧面充分地显示出跑马叉及骑马叉。

此桌为案形结体。制作于清朝初期，具有浓厚的明式风格。其完美的造型与精湛的工艺，堪为古代家具中的精品。此桌原在西六宫养心殿存放，应为清代皇帝使用过。

145

黄花黎嵌紫檀花牙长桌

清中期

长160厘米　宽39厘米　高86厘米

长桌为黄花黎木镶嵌紫檀木家具，桌面为板材不加边框，两端与板式腿子用燕尾榫相交，腿子上锼出两处开光，下端为内翻卷书式。紫檀木起双边线枨子，并用紫檀木制玉璧纹卡子花与桌面连接，枨子与腿子夹角处有紫檀木雕刻的云纹托角牙。

此长桌为几型，在习惯上把体型较矮小的桌案类家具称作几，体型较大的则要区分腿子所处的位置，缩进的称为案。

146

紫檀嵌桦木心长桌

清中期

长143厘米　宽37厘米　高85厘米

长桌为紫檀木嵌桦木家具。桌为紫檀木制。光素桌面攒框镶桦木板心，侧沿混面。面下打洼高束腰上浮雕蕉叶纹。四腿直下，内翻卷珠式足。四腿之间均安有硬角罗锅枨。

桦木是常见的镶嵌材料之一，取自于树根部位，其纹理犹如菠萝漆，做桌面尤其美观。此桌为典型的清式家具，制作于乾隆时期。

147

紫檀木嵌桦木心铜包角长桌

清中期

长146厘米　宽41厘米　高85厘米

桌为紫檀木嵌桦木家具。桌面以紫檀木四角攒边框，中间镶嵌桦木瘿子心。侧面冰盘沿下为带打洼的束腰。桌面四角、束腰以及腿子拱肩，分别包裹有錾花饰件。并且在腿足下安装纹饰相同的铜套足，以达到上下呼应的效果。

此桌为乾隆时期制作的家具精品。现陈设于西六宫体顺堂东围房。

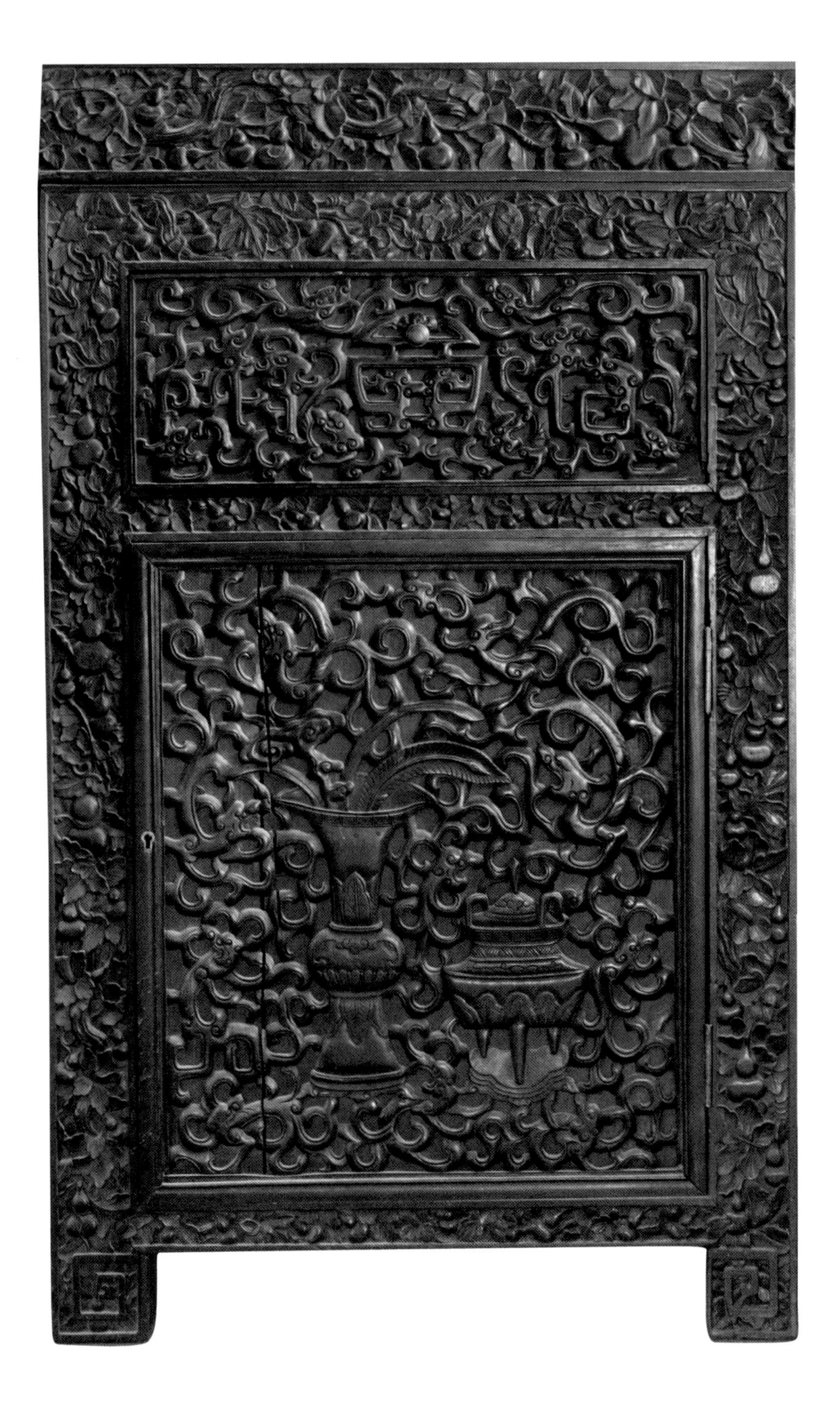

148

紫檀嵌黄花黎卍字纹架几案

清中晚期

长409厘米　宽60.5厘米　高98厘米

案为紫檀嵌黄花黎木家具。案面为紫檀木攒边框，中间镶板心。板心上面嵌紫檀木条与黄花黎木条相间的卍字纹。案面下是两个用紫檀木制作的几子，上部分安装抽屉，下部分有门子。在案面的侧面及几子上，满饰葫芦纹、螭纹，门子板心饰博古及花草纹。腿足处饰有回纹。

此架几案是清朝中晚期的作品。其中图案寓意"子孙万代、江山永固"。现陈设于御花园漱芳斋内。

149

紫檀嵌桦木心铜包角炕几

清中期

长72.5厘米　宽36厘米　高34厘米

炕几为紫檀木嵌桦木家具。面用紫檀木做边框，内镶嵌桦木瘿子板心。几面四角及腿子上端，皆有錾花铜包角。面下无束腰，腿子之间有枨子，正中安矮佬。腿为展腿式，下部分呈弧线形，足以显示用料硕大。腿下内翻珠式足。

此炕几为清中期作品。现陈设于西六宫养心殿东暖阁内。

150

紫檀嵌乌木卍字纹长桌

清中期

长180厘米　宽74厘米　高85厘米

此桌为紫檀木嵌乌木家具。桌面为紫檀木攒框，镶板粘贴乌木板条拼接卍字锦纹。面下高束腰。腿子上部有宝瓶连接桌面。腿、牙内侧夹角有托角牙子。直腿内翻马蹄。

乌木为中国古典家具用材之一，比重之大超过紫檀，木质极为坚硬，但是少有大料，因此非常珍贵，多为嵌料与其他材料混合使用，这件长桌是清朝中期制作的家具珍品。

151

紫檀嵌桦木心炕桌

清中期

长85厘米　宽56.5厘米　高31厘米

桌为紫檀木嵌桦木家具。紫檀木制框架，攒框镶桦木板心，光素桌面，侧面下沿起阳线。面下无束腰，正面攒接卷书式牙子，两边为罗锅枨加双矮佬式牙子。方瓶式腿子直抵牙条，腿之间装单横枨。

此桌造型、结构均与众不同，是清朝中期炕桌的精品。

152

紫檀嵌杏木夔龙纹香儿

清中期

长38.5厘米　宽35厘米　高105.5厘米

香儿为紫檀木嵌杏木家具。攒框镶木板儿面，侧沿，高束腰，镶嵌杏木雕绳结开光，内浮雕卷草纹。腿子上节为鼓腿，腿子之间的牙板上镶嵌杏木雕夔龙纹。下节缩进至足部向外翻出卷珠式足。下承方形带龟脚托泥。

香儿是宫廷家具中常见的一种器物，有与围屏、宝座、宫扇等一堂使用的典制类香儿，也有用于摆放古玩的作用。但是大多都是成对使用。

153

乌木嵌桦木海棠式香几

清中期

长42.5厘米　宽37厘米　高87厘米

香几为乌木嵌桦木家具。以乌木攒边框，呈四瓣海棠式，中间镶嵌桦木板心。侧沿雕刻回纹，面下高束腰，镂出长条圆角开光。上下装托腮，腿间装券形牙板，上雕刻回纹。四直腿下端内翻回纹马蹄足，底座形同几面，镶嵌桦木座面。面沿下带束腰，座底四边装足。

154

紫檀嵌黄花黎书格

明

长101厘米　宽51厘米　高191厘米

书架除后背正中贯通上下三层的黄花黎木板条外，其余皆为紫檀木制。书架正面开敞，两侧及后皆有短料攒接的棂格，腿足外圆内方。

棂格纹样是从“风车式”变化而出，作为装饰纹样多在建筑上使用。特点是由倾斜的长方形、正方形及几种不等的三角形组成。它是以欹斜中见齐整，简洁中见精致，给人以通透、空灵之感。

155

紫檀嵌桦木西洋花纹柜格

清中期

长108.8厘米　宽35厘米　高193.7厘米

柜格为紫檀木嵌桦木家具。以上为格下为柜的两部分组合。上节中部装平行双横枨，前后之间五道抽屉遛子连接横枨，并附有抽屉挡子，分装四具抽屉。抽屉脸用桦树影子木做成，四周及拉手镶紫檀木雕刻西洋花纹。中间抽屉将上格分为两层。下层亦如是结构。每层铺设膛板，用以摆放器物。两层皆饰绳纹圈口。下节对开两门，以紫檀木做边框，框上装饰铜制合页、面叶及拉手，框内装雕刻西洋花草纹的板心。底枨下装曲边西洋花纹的牙板。下直腿饰铜套足。

156

紫檀边座嵌黄杨木座屏

清中期

长290厘米　宽50厘米　高240厘米

座屏系紫檀木嵌黄杨木家具。屏风五扇组合，以紫檀木攒混面边框，上节镶嵌黄杨木雕刻西番莲纹的楣板，下节镶嵌黄杨木雕刻海水云龙纹的裙板，裙板上方为雕刻云蝠纹的余塞板。屏扇下为双层台座，边扇中部为乾隆皇帝御制五言诗对，上联“清音出泉壑”，下联“余事赏岩斋”。靠近中间两扇为董邦达画山水，正中一扇为乾隆御笔诗文《雨》。此屏风成做于乾隆二十六年。

餘事賞巖齋
清音出泉壑

157

紫檀边座嵌鸡翅木山水人物座屏

清中期

长290厘米　宽60厘米　高260厘米

屏风边座为紫檀木制作，共三扇。在屏心天蓝色漆地上有用鸡翅木小料雕刻的山水、人物、树石、楼阁，并有乾隆皇帝御题诗。边框上装紫檀木雕刻七龙戏珠纹屏帽，两侧站牙各饰一龙，合为九龙。下承三联八字形须弥座，座上浮雕莲瓣纹及拐子纹，下承卷云纹龟脚。

这种座屏通常在地坪上与宝座成套使用，原陈设在文渊阁。

158

紫檀边框嵌黄杨木云龙纹座屏

清中期

宽356厘米　高306厘米

屏风主体为紫檀木制作。三扇组合，紫檀木光素边框，内侧打槽镶板。紫檀木雕流云地，嵌黄杨木雕龙戏珠纹、双勾卐字方格锦纹边。屏扇上端用紫檀木凸雕夔凤纹三联毗卢帽。两侧雕夔凤纹站牙。八字式须弥座分为三段勾莲蕉叶纹，座面上有屏腿孔。面下束腰雕勾莲纹，上下雕仰覆蕉叶纹。座下有龟脚。

黄杨木少有大料，未见有大件黄杨木家具，通常用于印料、嵌料或制作木梳。此屏风将如此大的黄杨木镶嵌在紫檀木上，与之色彩形成色彩对比，相互衬托，效果极佳，为乾隆时期家具的艺术珍品。

159

紫檀边框嵌黄杨木山水人物围屏

清中期

通长416厘米　高325厘米

屏风为紫檀木嵌黄杨木家具。屏风共八扇，以紫檀木为边框，上楣板雕刻卷草花卉纹，下裙板雕刻蝙蝠衔磬纹，腿间装洼堂肚式牙板，雕刻蝙蝠纹。腿下装錾花铜套足。屏心镶黄杨木板心，上边雕刻有祥云、山水、人物，还有一象驮宝瓶的场景，图案表现了"福庆有余""太平有象"的盛世瑞景。屏风背面楠木心，为乾隆皇帝御题诗《文渊阁记》。

文淵閣記
輯四庫之書分四處以庋之方以類聚故以偶成
文淵文源文津三閣之記早成則此文淵閣之記
亦不可再緩因為之辭曰
權輿二典之贊堯舜也一則曰文思一則曰文明
蓋思乃蘊於中明乃發於外而胥藉文以顯文者
理也文之所在天理存焉文不在斯乎孔子所以
繼堯舜之心傳也世無文天理泯而不成其為世
夫豈鉛槧簡編云乎哉然文固不離乎鉛槧簡編
以傳世此四庫之輯所由亟亟也茲則首部告成
綱紀已定與之暇以究其核督之勤以防其怠已
夜戒暇亦屢披覽怪僻側艷澀理刻擯於理明
裏然文顯所舒三部惟鈔錄之書繁而叢甚陳陳
猶不可不燮核也四閣之名皆冠以文而若淵若
源若津若溯皆從水以立義者蓋取范氏天一閣
之為亦既見於前記矣若夫海淵也眾水各有源
而同歸於海似海為其尾而非源不知尾閭何泄
則仍運而為源原始反終大易所以示其端也津
則窮源之徑而溯之是則溯也津也實亦迨源之
淵也水之體用如是文之體用顧獨不如是乎恰
於盛京而名此名更有合周詩所謂遡洄求本之
義而予不忘
祖宗創業之艱示子孫守文之模意在斯乎意在斯乎
乾隆壬寅仲春之月上澣御筆

160

紫檀边座嵌木灵芝插屏

清中期

长91厘米　宽54厘米　高101厘米

插屏边座为紫檀木制。屏心正面嵌木灵芝，古人以灵芝为长生草，故多以其寓意长寿。背面为描金隶书乾隆皇帝御题《咏芝》诗，后署“乾隆甲午（1774年）御题”款，并钤篆书印章款两方。屏两侧为光素站牙，绦环板上雕如意云头纹，劈水牙上雕回纹，正中垂回纹洼堂肚。

屏风为乾隆年间制品，但如此之大的灵芝已是世间罕见之物，加之与御题咏芝诗的紫檀木屏风合二为一，更是相得益彰。

故土辭山澤新屏厠几
帷丹青難與繪雕琢未
曾施相則檀紫稱藉惟
茅白宜質猶盈尺富歲
以數千期彝代卿雲蔭
芝丰寶露滋蟬聯三秀
燦蟠鎔萬卷蕤底用祥
編表還嘆壽牒披塗中
思曳尾或亦似靈龜
乾隆甲午御題

161

紫檀边座嵌鸡翅木五福添畴插屏（一对）

清中期

长85厘米　宽56厘米　高185厘米

插屏为紫檀木制边座。屏心里口镶铜线，并有紫檀木雕回纹圈口。屏心内用鸡翅木雕山水、人物、亭台、楼阁、仙鹤、灵芝等纹饰，蓝色漆地上有“五福添畴”四字。后背板心为黑色漆地，上饰描金折枝花卉纹。屏座绦环板上起双绦环线，浮雕夔龙纹、团花纹。站牙、劈水牙均雕卷云纹及螭纹。

此插屏为一对，另一屏上题名为“万年普祝”插屏，这是乾隆晚期的家具制品。

五福添壽

萬年普祝

萬年普祝

162

紫檀边座嵌鸡翅木江南水乡插屏（一对）

清中期

宽74厘米　高57厘米

插屏为紫檀木镶嵌鸡翅木家具。紫檀木攒双混面边框，框内蓝色漆地上镶嵌有鸡翅木及染牙雕刻的江南水乡景色。其中以鸡翅木雕刻远山、坡地、树干，以染牙雕刻房舍、人物、拱桥等。屏扇下有屏座托住，并有两屏柱相夹。屏柱上端饰卷云纹，柱身前后有站牙相抵，组合呈宝瓶状，既起到装饰效果，又增强其稳定性。屏柱间有双枨相连，其间镶绦环板上镶嵌染牙雕刻的寿字拐子纹。曲边披水牙板上镂雕翻云纹。下承卷云座墩。

插屏为一对，另一插屏框内为花鸟飞禽图。

163

紫檀边座嵌白檀木人物楼阁插屏

清中期

宽16厘米　高27厘米

插屏为紫檀木镶嵌白檀木家具。屏框为紫檀板材格角拼接成盒状，板面上浮雕花卉纹，后背装硬板，前脸镶玻璃。屏框为两节，上节框内以白檀木雕楼阁、人物。下节以白檀木透雕缠枝花卉纹。屏柱用板材做卷云柱头，前后有白檀木雕花纹站牙，屏座上镶白檀木绦环板，洼堂肚式劈水牙上雕卷云纹，下承卷云纹座墩。

164

紫檀边框嵌鸡翅木山水风景挂屏（一对）

清中期

宽62厘米　高97厘米

挂屏为紫檀木镶嵌鸡翅木、象牙家具。以紫檀木攒混面双边线边框，上框饰绦子线开光，浮雕缠枝花草纹。框内天蓝色漆地上镶嵌染牙雕刻的乾隆皇帝御制诗文，下方用鸡翅木雕刻高山、树木，用象牙雕刻山间小路及房屋，展现出一幅的山水风景图。

挂屏为一对，另一挂屏突出描绘了险峻的山景。

165

紫檀边框嵌鸡翅木山水人物挂屏（一对）

清中期

直径68厘米

挂屏为紫檀木镶嵌鸡翅木、象牙家具。以紫檀木攒双混面边框。框内天蓝色漆地，下方用鸡翅木雕刻高山、树木，用象牙雕刻山间小路、房屋及人物，展现出一幅山水风景图。

挂屏为一对，另一挂屏描绘了山间行旅的情景。

166

紫檀边座嵌鸡翅木山水玉人插屏

清中期

长42厘米　宽33厘米　高53厘米

插屏边座为紫檀木制作。屏心用鸡翅木雕树木、小船、山石，以白玉雕廊榭、亭台及分别持寿桃、葫芦、拐杖的三位老者，暗含“福禄寿”三星之意。在近景之后，有一个铅镶一面玻璃的储水罐，可盛水养鱼。透过玻璃可看到鱼在岸边、船底畅游，从而使画面更趋于生动、自然。

屏座呈八字形。站牙、绦环板、劈水牙均雕拐子纹。屏柱外侧雕花卉纹，柱头雕回纹。

此插屏设计巧妙，不仅增加了插屏的功能，也增加了画面的情趣。这是乾隆时期紫檀家具的精品。

嵌料石金属家具

此部分家具包括镶石心家具、镶玻璃家具、镶金银丝家具、镶金属家具及百宝嵌等综合工艺类家具。

167

紫檀雕漆嵌铜龙纹罗汉床

清中期

长211厘米　宽100厘米　高104厘米

框架为紫檀木质地。床面上五屏式围子，以紫檀木为框。框内雕漆锦纹地，其间镶嵌錾铜龙纹。围子中间搭脑凸起，两侧依次递减。床面下带束腰，以珐琅镶嵌成条形开光。束腰下洼堂肚式牙板浮雕缠枝莲纹。方腿内翻回纹马蹄。长方形托泥上也带有束腰，雕刻缠枝莲纹。四角下端为龟式足。

此罗汉床与紫檀雕漆嵌铜龙纹宝座（图169）为同一时期制作的风格一致的同堂配套家具。

168

酸枝木嵌石心罗汉床

清中晚期

长200厘米　宽93厘米　高108厘米

床为酸枝木嵌石心家具。床上三面围子呈十一屏式。酸枝木攒光素边框，框内镶嵌大理石心。床面冰盘沿，平直束腰。牙板雕刻玉宝珠纹，直腿内侧起阳线，与牙板阳线交圈，内翻回纹足。

169

紫檀雕漆嵌铜龙纹宝座

清中期

长105.5厘米　宽78厘米　高110厘米

宝座为紫檀木嵌铜家具。座面上三面围子，以紫檀木为框。框内雕红漆锦纹地，其间镶嵌錾铜龙纹。围子中间搭脑凸起，两侧依次递减。座面侧沿雕刻回纹，带束腰，镶嵌錾铜云龙纹条形开光。束腰下洼堂肚式牙板，浮雕缠枝莲纹。方腿内翻回纹马蹄。长方形托泥上雕刻回纹，四角下端为龟式足。

此宝座与紫檀嵌铜龙纹罗汉床（图167）为成堂配套家具。

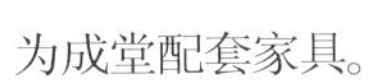

170

鹿角椅

清中期

长90厘米　宽72厘米　高131厘米

椅子为鹿角、牛角、象牙、骨、紫檀木、黄花黎木组合镶嵌家具。框架用鹿角构成。搭脑为一连接头盖骨的鹿角，角尖顺势而下形成扶手，靠背以鹿角做边框，其中镶嵌紫檀木板心，上下均有象骨雕刻的卷云纹圈口及花牙。座面系黄花黎木做成腰园形，侧沿用两条牛角包裹，形成双混面，中间镶嵌象牙条。面下四根鹿角为腿，角根部呈外翻马蹄状，角尖出叉支撑座面，形同托角枨子。靠背板上刻隶书乾隆皇帝御制诗：

制椅犹看双角全，乌号命中想当年。

神威讵止群藩詟，圣构应谋万载绵。

不敢坐兮恒敬仰，既知朴矣慝捐妍。

盛京惟远兴州近，家法钦承一例然。

乾隆壬辰季夏中澣御题

此椅为乾隆三十七年（1772年）制作。从诗中看出此椅是以传承家法、不忘骑射武功，并时刻景仰先祖为目的而制作的。

171

木胎嵌象牙交椅

明末清初

长70.5厘米　宽75厘米　高92厘米

交椅为木胎镶嵌象牙家具。椅圈由象牙多节拼接而成，接榫处均雕刻云头纹花卉。靠背以象牙雕刻竹节做边框，镶象骨板心。边框外侧夹角镶牙雕云纹托角牙及角牙。座面前后均使用板材包镶牙、骨，并雕刻螭纹，中间以编织丝绳为座面。前后腿子交叉部位为轴心，装金属轴及铜饰件，可以折叠。前腿之间踏板镶嵌象骨边，铜錾花纹踏面。木胎镶骨托泥。接榫处均包裹铜饰件。

172

紫檀嵌竹丝梅花式凳

清中期

直径34厘米　高46厘米

凳为紫檀木嵌竹丝家具。框架为紫檀木质地。凳面以紫檀木硬板拼接成五瓣梅花式，再用紫檀木镶边的方法包裹侧沿。同时在侧沿起线打槽，以竹丝随形镶嵌一圈。面下打洼高束腰，浮雕冰梅纹。束腰下有托腮。牙条及上下两道硬角罗锅枨具随凳面为梅花形，中心打槽镶嵌竹丝。凳腿中心亦打槽镶嵌竹丝，并与罗锅枨所嵌竹丝呈十字垂直相交。

此凳造型构思巧妙，紫檀与竹丝色彩搭配明显，装饰效果独到，是乾隆时期较为罕见的家具珍品。

173
紫檀嵌银丝仿古铜鼎式桌

清中期

长115.5厘米　宽48厘米　高86.5厘米

桌为紫檀木嵌银丝家具。此为紫檀木制作的仿青铜鼎式桌。桌面边沿雕刻回纹嵌银丝，面下有束腰嵌回纹，托腮上起线，桌牙与牙头一木连做，边沿凸起，框上起线，框内雕夔龙纹，嵌回纹锦地，两侧牙条正中嵌兽面衔铜环。四腿外撇，侧沿起框，上嵌回纹，框内绘双龙纹。

此桌造型系仿古青铜器制品，工艺复杂精湛，给人以典雅古朴之感。

174

楠木嵌文竹夔龙纹长桌

清中期

长170厘米　宽73.5厘米　高94.5厘米

桌的主体为楠木制做。从桌面到四腿，周身包镶文竹，桌面板心上是一幅贴黄的松竹梅图，四边与有均有雕刻的卍字卷草纹贴黄，桌面侧沿、束腰及腿子上饰一反一正上下勾连的勾云纹，曲边形牙板上满饰草龙纹。牙板与腿子夹角处有透雕夔龙纹角牙。

此长桌为乾隆时期制作，现陈设在乾隆花园三友轩。

175

酸枝木嵌螺钿石面三屉桌

清晚期

长126厘米　宽56厘米　高86厘米

桌为酸枝木镶嵌螺钿石面家具。酸枝木攒边框，二腰抹头分别镶三块大理石，边框及腰抹头上镶嵌螺钿，侧面为冰盘沿。裹腿枨用板材拼粘加宽，并雕刻数道皮条线。前后腿子中间皆向内作圆弧相对后叉开，四腿之间以锼空钱纹踏脚板连接，腿及踏脚板上均饰皮条线。

此件酸枝木桌耗材较多，虽不显简洁，但不失稳重，是清朝晚期家具中的上品。

176

酸枝木嵌石面圆桌

清晚期

直径102厘米　高86厘米

桌为酸枝木镶嵌石面家具。以酸枝木攒葵花式边框，框内镶嵌粉、白相间的圆形色石。石板下方有井字形带，用以承托石板，六根圆木做弧形，并有雕卷草纹的立柱，连接桌面与底座。立柱之间一根通常的枨子，中间开槽装一圆盘为轴心，四根短枨连接圆盘与立柱，显示出它可折叠或拆卸。以底座对应有六条腿，中间的攒接式枨子组合成冰裂纹。

177

紫檀嵌石面圆桌

清中期

直径111厘米　高85厘米

桌为紫檀木镶嵌石面家具。以紫檀木拼接圆形边框，框内镶嵌粉、白相间的圆形色石。石板下方有井字形带，用以承托石板，六根腿柱中段向外膨出做弧形，下段有枨子相连，其中有四根短枨，相交于中间的轴心板上，显示出它可折叠或拆卸。腿柱下端连接一六边形底盘，对应六条腿柱。桌面侧沿、腿柱、枨子以及底盘，皆装饰皮条线。

178

紫檀嵌铜绳纹炕儿

清中期

长82.5厘米 宽42.5厘米 高36.5厘米

炕儿为紫檀木嵌铜家具。儿面用紫檀木攒框镶板心，侧沿起双边线，在四角的凹槽内镶嵌金属包角。面下有铜錾绳纹罗锅枨，在四角裹腿并做绳结纹。腿子混面起双边线，足端包裹金属套足。

绳纹是家具上经常使用的纹饰，有时把绦子线做成绳纹，大多数是装饰在枨子上，然而以金属铜制作的绳纹并不多见，这件炕儿是乾隆时期的家具精品。

179

棕竹嵌文竹漆面案

清中期

长224厘米　宽48厘米　高89厘米

案为木胎嵌竹家具。棕竹是广东、云南等地出产的植物，呈深褐色。而文竹是指利用竹子内皮制作器物的一种工艺，叫贴黄，呈鹅黄色。此工艺是将棕竹皮子加工后，大面积的贴在木胎的案子上，再将贴黄的位置剔出空档，并漆好胶，将雕刻好纹饰的竹黄粘上。两种颜色形成反差，突出地显示了案子的线条。在案面的板心上使用了髹漆工艺，使得案子不露木胎。

这件棕竹嵌文竹的大型器物是乾隆时期的家具精品。

180

楠木嵌竹玉夔龙纹方几

清中期

长42.5厘米　宽42.5厘米　高92厘米

方几为楠木嵌竹玉家具。几面四角攒边框，镶楠木板心，侧沿镶嵌紫檀木丝，呈回纹图案。回纹的空档及四周镶竹丝，束腰包镶文竹，并镶嵌夔龙纹玉饰件。裹腿做，攒接拐子纹里外花牙。直腿下边安托泥，牙子及腿上皆镶嵌有紫檀木丝、竹丝。而托泥上的包镶木、竹丝已缺佚。

181

紫檀嵌镶竹木蝠寿纹方几

清中期

长40厘米　宽40厘米　高88厘米

方几为木胎镶嵌竹木家具。软木为胎，通体用竹、木包镶。几面板心镶嵌紫檀木阳线。束腰镶黄杨木雕卍字锦纹地，嵌酸枝木雕蝙蝠纹、团寿字，托腮上嵌紫檀木雕莲花瓣，四腿包镶棕竹，嵌紫檀木阳线。腿内侧与牙板、管脚枨镶嵌黄杨木雕回纹环线圈，台座式托泥镶紫檀木面，侧沿包镶棕竹，嵌紫檀木阳线。

182

酸枝木嵌石面方几

清晚期

长47厘米　宽36厘米　高84厘米

方几为酸枝木嵌石面家具。酸枝木攒边框镶大理石板心。无束腰，腿子与几面四边以棕角榫相交，当中有膛板。

香几是宫廷家具中常见的一种器物，有与围屏、宝座、宫扇等一堂使用的典制类香几，也有用于摆放古玩的作用。但是大多都是成对使用。这件方几是清朝晚期制作的。

183

黑漆百宝嵌婴戏图立柜

明

长126厘米　宽61厘米　高186厘米

立柜为木胎髹漆镶嵌螺钿、色石家具。长方四面平式，通体髹黑色漆地，边框镶嵌螺钿钱纹锦，开光内嵌螺钿、色石花卉。框内对开两扇板式门，四周镶嵌螺钿锦纹边，其中镶嵌有螺钿、色石组成的婴孩戏耍图，并有彩绘树木、花草、桌案形器物等图案。圆式铜合页、面叶凿双环云纹。底枨下为壶门式牙板，以勾莲纹为地，上嵌有螺钿、料石雕刻的双龙纹。四腿安铜套足。

184

紫檀嵌玻璃柜格

清中期

长99厘米　宽43.5厘米　高140.5厘米

格为紫檀嵌玻璃家具。以紫檀木为边框，分三层，每层前后皆安双枨，枨间有短柱界为四框，框内镶玻璃，以圈口压边。上格顶部加装横枨，并镶绦环板，中部扁圆形开光。两山及后背皆镶绦环板开出长方形、扁圆形或海棠花式开光。底枨下为攒接牙子，并饰卡子花。足下装铜套足。

185

紫檀边座嵌红雕漆海屋添筹座屏

清中期

长280厘米　宽30厘米　高290厘米

屏风为紫檀镶嵌雕漆家具。围屏共三扇，每扇上框的中间部分凸起，呈阶梯状，并套有雕刻回纹的子框。每扇板心上为红雕漆的海水江崖及祥云、仙鹤纹，中间一扇突出展现了一座六角重檐的楼阁，在顶上及各角上镶嵌鎏金宝顶及铜质风铃。屏扇上方为紫檀木攒拐子纹、回纹的屏帽，下边绦环板上嵌紫檀木雕刻拐子纹，屏座束腰雕刻拐子纹。下方攒回纹牙足，屏风画面题为“海屋添筹”。此围屏为乾隆时期祝寿的贡品。

186

紫檀边座嵌白檀心玻璃画座屏

清中期

长360厘米　高290厘米

屏风为紫檀木制作，共有五扇。中扇稍高，两侧逐级递降。以紫檀木做边框，上有楣板，下设裙板。中间嵌有白檀木的绦环板，开出三个开光，并镶有玻璃画，总计十五幅。屏扇顶上为紫檀透雕花卉纹屏帽，两边透雕花卉纹站牙。屏扇坐落在须弥座上，须弥座为八字形，分为三段。座面有屏腿孔，面下带束腰。上下雕有仰覆莲花纹。座下有龟脚。

187

黄花黎边座嵌湘妃竹缂丝花卉纹围屏

清中期

通长288厘米　高132厘米

围屏系黄花黎木镶嵌湘妃竹缂丝家具。共九扇，以黄花黎木做边框，中间三根腰抹头分出四格，皆镶湘妃竹攒拐子纹圈口加缂丝心。上格楣板及中腰为黄地双面缂丝流云纹，裙板有海棠式开光，内为黄地双面缂丝折枝花卉纹，屏心饰黄地双面缂丝绣球、山茶、梅花、秋葵、牡丹、荷花、虞美人等花卉纹。直腿下端为湘妃竹攒拐子纹花牙。

188

紫檀边座嵌点翠竹插屏

清中期

长114厘米　宽75厘米　高219厘米

插屏为紫檀木嵌点翠家具。以紫檀木为混面雕花边框，内侧打槽装板，髹黑色漆地，雕有点翠竹子。屏座上立屏柱，雕有卷云纹柱头。屏柱前后有站牙相抵。柱两边有双枨相连，枨间镶花卉纹铜胎掐丝珐琅板，劈水牙上雕花卉纹。下承卷书式足。

189

紫檀边座嵌竹花鸟纹双面插屏

清中期

长52厘米 宽25厘米 高56厘米

插屏为紫檀木嵌竹雕花鸟家具。以紫檀木为混面边框，内侧打槽装板，髹浅蓝色漆地，正面以竹子雕刻花鸟图，画面中的荷花或含苞待放，或绽开争艳，荷叶或仰或覆，或卷或舒，荷茎或蓬勃直立，或穿插有致，水面现出微风拂过后的粼粼清波，鸟儿栖身在荷茎上安逸地注视着前方。画面上光线强弱分明，显示着阴晴的变化。

背面屏心上镶嵌竹雕梅花树，两只喜鹊登上树枝，寓意“喜上眉梢”。葫芦形屏柱，内侧起槽夹抵屏框，柱间有平行双横枨相连，其间有开光绦环板上雕卷草纹，下边洼堂肚式劈水牙。下承卷云式座墩。

190

紫檀边座嵌铜十八罗汉插屏

清中期

长51.5厘米　高59厘米

插屏为紫檀木镶嵌铜雕家具。以紫檀木作洼面软角边框，框内侧裁口镶嵌“仙人祝寿”铜质板心，雕刻十八罗汉图。每一罗汉均以灵兽为座骑，并携带法物，腾云而行。四边有压边口条，边缘起阳线，正面雕刻回纹。屏柱也随屏框做洼面。两对站牙抵住屏扇，下方两道横枨，中间矮柱分出两格，装黄花黎木开光余塞板，屏座下装有雕刻回纹的披水牙。

191

酸枝木边座嵌螺钿料石葫芦插屏

清中期

长63厘米　宽33厘米　高107厘米

插屏为酸枝木镶嵌螺钿、料石家具。酸枝木攒边框，两旁起阳线，中间形成凹槽，浮雕卐字锦纹地，镶嵌螺钿雕刻的蝙蝠纹。框内黑色背板上镶嵌有五色料石雕刻的大小不一的葫芦及点翠雕刻的树干、树叶。云纹柱头前后有两对外撇八字的站牙，组合成宝瓶状。两柱间有平行双横枨相连，枨间镶落堂踩鼓式绦环板，中有一螺钿雕刻的圆形寿字，四周有螺钿雕刻的蝙蝠环绕。洼堂肚式劈水牙上镶嵌有螺钿雕刻的缠枝花卉纹，外撇八字形座墩。

192

黄花黎边座嵌石松石兰草插屏

清中期

长82厘米　宽30厘米　高86厘米

插屏为黄花黎木镶嵌石雕家具。以黄花黎木攒边框，正面雕刻，混面侧沿，框内嵌石雕“松兰图”。两株古松虽然经历风风雨雨，但仍然郁郁葱葱，一旁乱石中一簇簇兰草显示着顽强的生命力。画面四周有雕花圈口。光素屏柱前后有站牙，两柱之间有两道枨子，其中镶透雕花卉纹绦环板，下边透雕花纹劈水牙。卷云纹座墩。

193

黄花黎边座嵌石蟹苇图插屏

清中期

长80厘米　宽78厘米　高30厘米

插屏为黄花黎木嵌石雕家具。以黄花黎木攒边框，正面雕刻四合如意加灯草线，混面侧沿。框内镶嵌石雕“三甲传胪图”。画面中三只螃蟹在池塘边戏水，岸边生长了一簇簇芦苇，其中的螃蟹为甲，芦苇即胪（古代官衔），意为金榜提名高中一甲，并授封官位。混面光素屏柱前后有透雕螭纹站牙，两柱之间有两道混面枨子，其中有镶透雕螭纹的绦环板，下边为透雕花纹劈水牙。卷云纹座墩。

194

天然木边座百宝嵌会昌九老图插屏

清中期

宽50厘米　高55厘米

插屏为天然木镶嵌玉石家具。以天然木树根拼接屏风边座。屏扇呈矩形，框内镶板心，黑色漆地嵌有青金石、绿松石、玉石、玛瑙等，组成了有松竹、山石、花草、人物的“会昌九老图”，背面雕刻乾隆皇帝的《御制千叟宴》诗。

这件屏风原陈设在故宫外东路的乾隆花园内。

195

紫檀边框百宝嵌花卉纹挂屏

（一对）

清中期

宽150厘米　高100厘米

挂屏为紫檀木嵌料石家具。用紫檀木四角攒边框，边缘起阳线。中间凹槽内凸雕绳纹、双胜纹及开光内雕花草纹，框内装板髹蓝色漆地，以料石镶嵌树木花卉。在坡地上镶嵌有青金石、绿松石等宝石雕刻的山石，四周布满芍药，中间一株玉兰，树枝上嵌着白玉雕刻的花朵，树叶有绿色料石的，也有蓝色点翠的，呈现出一派春意盎然的景象。

挂屏为一对，另一挂屏图案为内容、材质相同的花卉纹，只是方向相反。

196

紫檀边框嵌铜镀金鹤鹿同春挂屏（一对）

清中期

宽209厘米 高118厘米

挂屏为紫檀木嵌铜镀金家具。框上雕刻夔龙纹，两边起阳线。框内侧打槽装蓝地板心。屏心以锤打金叶工艺做成山石、松树及双鹤。配玉质树叶。

挂屏图案是以“松柏长青、鹤鹿同春”为题材的祝寿贡品。挂屏为两件组合，另一挂屏的图案为柏树与鹿。

197

紫檀雕花边框嵌铜玉牙博古图挂屏（一对）

清中期

宽110厘米　高76厘米

挂屏为紫檀木嵌铜镀金家具。用紫檀木四角攒边框，边缘起阳线，凹槽内凸雕缠枝花草纹。框内装板髹蓝色漆地，镶嵌铜镀金、玉、牙组成的博古图。其中有象驮宝瓶播灵芝、挑杆悬挂花篮、铜镀金宝鼎、铜镀金镶宝石如意，还有装满果实的盆景。这些吉祥图案寓意"平安如意""太平有象"等。

另一挂屏的图案稍有差别，但画面的图案均有"吉祥如意"之寓意。

198

紫檀边框嵌金桂树挂屏

清中期

宽119.4厘米　高163厘米

挂屏以紫檀木四边攒框。框上雕刻夔龙纹，两侧双边线。框内侧打槽装蓝地板心。屏心以锤打金叶工艺做成山石、桂花树及流云、明月，配玉质树叶。染牙雕乾隆皇帝《御制咏桂》诗，挂屏系清李侍尧进贡。

御製詠桂
金秋麗日霽光鮮恰喜天香映壽
筵應節芳姿標畫格一時佳興屬
吟篇賡歌東壁西園合風物南郊
北塞遍幽賞詎惟增韻事更因叢
桂憶招賢
臣李侍堯恭錄

199

紫檀边框百宝嵌梅花式挂屏

（一对）

清中期

直径81～80厘米

挂屏为紫檀木嵌料石家具。以紫檀木做五瓣梅花式边框，框内镶板髹黑色漆地，镶嵌料石雕刻的花卉博古图。

挂屏为一对，另一挂屏也是花卉博古图案。

200

紫檀边框嵌玻璃画年景婴戏图挂屏

清中期

宽90厘米　高140.5厘米

挂屏为紫檀木嵌玻璃家具。为紫檀木四角攒边框，内外侧沿起阳线，中间为混面凸雕儿何纹。框内镶嵌玻璃画“年景婴戏图”，描绘的是王府宫室内外众多儿童过年时戏耍的场面。画面展示了建筑的格局以及室内外的陈设。

201

紫檀底座铜镀金大吉葫芦挂屏

清中期

底径33厘米　高60厘米

挂屏为紫檀木镶嵌铜镀金家具。葫芦形，上下各一圆形开光，分别是"大""吉"两字。葫芦四周挂满料石、金属制作的葫芦、叶子，枝茎盘根错节地缠绕着。底座用紫檀木雕刻，并镶嵌有象牙雕刻的栏板及花草纹。

这件挂屏样式较为独特，其柔和的线条，加之斑斓的色彩，给人以尽显华贵之感。

202

紫檀边框嵌金云龙纹玻璃字挂对

清中期

宽34.5厘米　高179厘米

挂对为紫檀木镶嵌玻璃字、金地屏联，以紫檀木混面双边线做边框，混面上施浅浮雕勾云纹。框内镶板后，以金叶锤叠出云龙纹地子，当中镶嵌玻璃，有御制七言对联："应律璿枢临太乙，敷天春色遍寰中。"此挂对现陈设于西六宫。

203
紫檀边框嵌玻璃大吉葫芦式灯

清中期

直径35厘米　高210厘米

以紫檀木镶嵌玻璃、象牙制作，一般悬挂在屋顶使用，或悬挂在挑杆座上使用，隶属灯具类。紫檀木制作呈八角葫芦状边框，框内镶玻璃，上层略小，书红色“大”字，下层书“吉”字。帽子是用紫檀木镂雕莲花纹的毗卢式帽，也呈八角形。帽子下沿镶镂雕莲花纹象牙，并悬挂流苏。灯的下方悬挂围帘流苏。

葫芦图案是清朝宫廷中常常使用的一种吉祥图案。由于此植物属多子型，被喻为“子孙万代”或“江山万代”。连同书写的“大吉”一样，都是一种美好的祝福和期望。所以，它也是宫廷灯具中常常使用的题材之一。

204

紫檀边框嵌玻璃画山水人物长方座灯

清中期

长60厘米　宽30厘米　高70厘米

座灯用紫檀木镶嵌玻璃制作，一般放置在桌案上使用，隶属灯具类。但是其制作工艺、造型皆兼具制作家具的特点。主体的中间部位是紫檀木为框，四面镶画有山水人物的玻璃，当光线射出时，画面便清晰地展现出来。玻璃框上下都有须弥座式的帽子和底座，上方加装毗卢帽，曲边上沿向外倾斜，使四角高挑探出，便于悬挂灯穗。毗卢帽满雕莲花纹，与莲花座、束腰上下的莲瓣纹托腮以及莲瓣纹牙板相呼应。帽子与玻璃框相隔较大间隙，便于燃灯时可输送空气，空隙间以帷幔悬挂流苏装饰。下边须弥座装有栏柱与网格式栏板，整体显示出一座建筑的格局。

图版索引

嵌螺钿家具

嵌牙骨家具

嵌玉石家具

嵌珐琅家具

嵌瓷板家具

嵌木雕家具

嵌料石金属家具

后 记

《故宫经典》是从故宫博物院数十年来行世的重要图录中，为时下俊彦、雅士修订再版的图录丛书。

故宫博物院建院八十余年，梓印书刊遍行天下，其中多有声名皎皎人皆瞩目之作，越数十年，目遇犹叹为观止，珍爱有加者大有人在；进而愿典藏于厅室，插架于书斋，观赏于案头者争先解囊，志在中鹄。

有鉴于此，为延伸博物馆典藏与展示珍贵文物的社会功能，本社选择已刊图录，如朱家溍主编《国宝》、于倬云主编《紫禁城宫殿》、王树卿等主编《清代宫廷生活》、杨新等主编《清代宫廷包装艺术》、古建部编《紫禁城宫殿建筑装饰——内檐装修图典》等，增删内容，调整篇幅，更换图片，统一开本，再次出版。唯形态已经全非，故不再蹈袭旧目，而另拟书名，既免于与前书混淆，以示尊重；亦便于赓续精华，以广传布。

故宫，泛指封建帝制时期旧日皇宫，特指为法自然，示皇威，体经载史，受天下养的明清北京宫城。经典，多属传统而备受尊崇的著作。

故宫经典，即集观赏与讲述为一身的故宫博物院宫殿建筑、典藏文物和各种经典图录，以俾化博物馆一时一地之展室陈列为广布民间之千万身纸本陈列。

一代人有一代人的认识。此番修订，选择故宫博物院重要图录出版，以延伸博物馆的社会功能，回报关爱故宫、关爱故宫博物院的天下有识之士。

2007 年 8 月